无 源 房 屋

——能量效益最佳建筑

北京无源建筑规划设计院

刘令湘　编译

中国建筑工业出版社

图书在版编目(CIP)数据

无源房屋——能量效益最佳建筑/刘令湘编译. —北京：中国建筑工业出版社，2010

ISBN 978-7-112-11881-6

Ⅰ. 无… Ⅱ. 刘… Ⅲ. 住宅—建筑设计 Ⅳ. TU241

中国版本图书馆 CIP 数据核字(2010)第 039004 号

无源房屋现定义为：每年最大供暖热负荷为每平方米 15 千瓦小时。

目前，建设无源房屋的热潮正在欧洲特别是中欧兴起，美国亦已建立相应研发机构。德国无源房屋技术研究已近 20 年，技术日臻成熟，已建造无源房屋住宅、公共建筑等约 8000 余幢；相比而言，我国这方面的研究刚刚起步。

基于德国十几年建无源房屋的经验，这本编译著作提供无源房屋功能信息，以及相关的满足要求的建筑构件，建房技术的详细处理办法以及保证质量的重要措施。一些建筑设计项目和经验更把这一题目实践化和具体化。无论是建筑师、设计师还是无源房屋的施工者，都可以从中得到相应的资讯及实际的经验。

无源房屋的相关书籍已被翻译成 7 种外语。希望本书能为世界耗能大国之一的节能减排作出一点贡献。

本书可供规划、建筑、设备、管理、施工及学校相关管理人员等参考。

*　　*　　*

责任编辑：于　莉　田启铭
责任设计：姜小莲
责任校对：兰曼利　赵　颖

无　源　房　屋
——能量效益最佳建筑
北京无源建筑规划设计院
刘令湘　编译

*

中国建筑工业出版社出版、发行(北京西郊百万庄)
各地新华书店、建筑书店经销
北京天成排版公司制版
北京画中画印刷有限公司印刷

*

开本：787×1092 毫米　1/16　印张：7¾　字数：195 千字
2010 年 7 月第一版　2010 年 7 月第一次印刷
定价：**48.00** 元

ISBN 978-7-112-11881-6
(19138)

编 译 者 序

每一种不可再生能源的使用都会对环境造成巨大的破坏。大气层里与日俱增的二氧化碳聚集以及渐趋紧张的化石能源供应都要求世界范围内大幅度地降低能源消耗。二氧化碳聚集并非改善燃烧质量所能解决，而是取决于化石能源中碳—氢成分的不同复杂关系。森林的死亡，全球变暖引发的气候变迁，可防护能导致癌症之紫外线的天然屏障——臭氧层遭到破坏，成了我们将承受环境灾难的前兆。在德国，仅仅建筑采暖一项就占了大约全部原始能量消耗的1/3。居家的总能源消耗，3/4 用于房间采暖。在中国，据 2006 年统计，建筑能耗已占总能耗的 30%～35%，二氧化碳排放所占比例也略同。建筑节能成为节能减排潜力之最。

建筑节能总是围绕表征分子运动的“热”。对此，地球有用之不竭而且免费的能量——太阳。太阳能无论转换成化石能源或是电能效率都很低，“无序”变“有序”总是如此。化石能源的优点在于方便储存；而储存恰恰是易于测量和控制的电能之软肋。建筑节能特别是采暖节能的捷径是无源地高效地直接利用太阳能。当然前提是建筑外围护结构热损失最小。然而，直接利用太阳能必须面对两大难题：太阳能的能量密度低；而且供应高度不稳定。因之，人们应当非常积极主动地想方设法迎接这个挑战。因为无源房屋能量利用效率最高，毋庸置疑，它对减少能源消耗及缓和全球变暖问题起着重大作用。

在德国，无源房屋是建筑节能的可靠标准。欧盟已通过决议，欧盟各国建无源房屋均可得到财政补贴。相对于我国采用不少节能技术但节能效果尚不令人满意的现状，德国无源房屋标准的推广执行非常值得借鉴。感谢德国 EDLE 公司 CEO 江丽女士，慧眼识珠——关于这一能量利用效率最高房屋的推荐，这正是编译者介绍德国 PASSIVHAUS 的初衷。

本书将 PASSIVHAUS 译作“无源房屋”而非让人容易误解的“被动房屋”。PASSIV(英语 PASSIVE)在物理和电气工程常被译作“无源”。技术上当有相对立组别时用如：“被动声纳”，“主动声纳”尚可。建筑从来就是人类的“主动”行为，此处无源房屋的本质是能量利用效率如此之高可使通常暖气被废弃；是人们主动性的实践，用“被动”显然不妥。词典上，“被动”有不主动，不积极，勉强甚至忍气吞声等意思。

编译者特别感谢 Judith Schuck 女士《Passivhäuser——Bewährte Konzepte und Konstruktionen》一书(由 K. Kohlhammer GmbH，Stuttgart 出版社出版)授予 Copyright，尤其是图 2-1 至图 2-25，使读者能对建造无源房屋最重要的隔热耳目一新。编译者还要在此感谢 Adolf-W. Sommer 先生《Passivhäuser——Planung-Konstruktion-Details-

Beispiel》一书(由 Verlagsgesellschaft Rudolf Müller GmbH & Co. KG Köln 出版社出版)授予其(Fig. 2. 58-2. 61, Fig. 3. 1-3. 3, and Fig. 4. 9)Copy-right。Prof. Dr. W. Feist 寄送其著作《Gestaltungs grundlagen Passivhäuser》提供很多信息和有益的帮助,这里表示衷心感谢。除此之外,本书引用一些照片(均附有出处及作者)以飨读者,一并对作者致以诚挚谢意。

刘令湘　北京无源建筑规划设计院

二〇〇九年八月于北京

www. edle. com. cn

目　　录

引　言

在世界范围内进一步减少二氧化碳排放量和节省能源是将来，亦是现在，我们必须面对的一项中心任务。建造无源房屋，这种相对如今一般房屋可平均节约90%能量的建筑，能使我们为这一任务作出更大贡献。

众所周知，能源的短缺和环境之重负，源于世界范围内日益增长的能源消耗。占世界人口16%的发达国家能源消费超过世界的一半，换言之，发达国家每人平均能源消耗是发展中国家每人平均能源消耗的四倍。由于人口日益增长和经济不断发展，世界能源消耗还将持续走高。现今，87%的世界能源消耗来自化石能源(石油40%，煤24%，天然气23%)。每一种燃烧都会给环境带来负担。与二氧化硫相反，灰尘和一氧化碳不能将气候气体——二氧化碳经过过滤或催化剂加以吸收。唯一能减少环境辐射的方法是节省化石燃料。据悉，今后几十年里，日益增加的二氧化碳集结会对全球气候造成灾难性后果：臭氧层被破坏，沙漠扩大，海平面升高而导致海水泛滥，气候带迁移。在各个领域减少能源消耗已经刻不容缓。能源方针的目标应当是寻求一个安全的，能支付得起的而且环境友好的能源供应。为此，应使我们环境的负担通过能源节约和具有能源意识的处置而得以减轻。

在我们的纬度(北京或德国)，很大一部分能量用于房间供暖和热水制备。据统计，德国大致30%的能量消耗和二氧化碳排放皆源于私人住宅的房间供暖和热水制备。这给与建房相关的所有人提出一个不可回避的要求：建房应消耗更少的资源，更多地为环境减压并且依然保持房间舒适。

无源房屋现定义为：每年最大供暖热负荷为15(kW·h)/m^2。这一定义今后可能在不同标准中有所变动，但尽可能减少能量消耗的要求将写入德国每一建筑标准，进入每一房地产投资决定。无论新建还是旧房改造，节约能源将列为头条大事。无源房屋的巨大增长趋势是肯定的。

如今，无源房屋标准对几乎所有类型建筑(独家住宅、多层住宅楼、行政管理建筑、幼儿园、体育馆等)均得以实现，并没有与特定建筑造型或建筑语汇捆绑在一起。所有必须的建筑和技术部件，在市场上都有供应。到目前为止，预估的能量节省已经被建成的无源房屋和无源居民区所达到。已经迁住的无源房屋被证实在实际条件下可靠而且舒适。

对于既有建筑，也可以在更新改造过程中加入无源房屋的部件。不管人们是追求节能还是想减少采暖花费负担，亦或力图改善住宅舒适度和居家健康，这一点毋庸置疑：舒适的建筑总是一个低能耗建筑。

建筑节能日益得到重视。在德国《1995年新建建筑物热量保护条例》公布前，建筑物年平均供暖热负荷为160～300(kW·h)/m^2，相当于16～30L油。低能耗房屋的年平均供暖热负荷为30～70(kW·h)/m^2，耗油约3～7L。而无源房屋年平均供暖热负荷为不大于15(kW·h)/m^2，仅耗约不多于1.5L油。相对通常房屋，按照无源房屋标准的新建筑其供暖热负荷仅为5%～10%。同样，采用无源房屋元件进行旧房改造也对节能减排作出重大贡献。这类房屋也提供了巨大经济扩展的机会，以期保护化石能源和减少二氧化碳排放。

基于德国建无源房屋的经验，本书综合提供无源房屋功能信息、相关满足要求建筑构件和建房技术的详细处理办法以及保证质量的重要措施。建筑设计项目和经验更把这一题目实践化和具体化。无论是建筑师，设计师还是无源房屋的施工总监，都可以从中得到广博的资讯及实际的经验。本书的目的是给读者展现这种节省能源、排放低碳和居住舒适的建筑并支持他们的实践。

1 无源房屋基础

1.1 什么是无源房屋

“无源房屋”给建筑设计和建筑结构提出这样一个概念和方案——在经济合理的前提下，使建筑物能同时达到最高的能量效益和最高的生活质量。

无源房屋是这样一种建筑——无论冬天还是夏日不用有源的供暖和空调系统仍可拥有舒适的室内小气候。这种房子的供暖和制冷都是“无源”的。

通过使热量传导过程的热损失和通风系统中的热损失最小化；构造最佳建筑物围护结构；再加上引入对无源房屋适合的废气热量回收装置，可以废弃掉通常的供暖系统，余下的热损失几乎全部通过无源能量所赢而平衡。作为无源房屋概念的组成部分，采用通风设施不仅给建筑物提供足够的新鲜空气，还可以给建筑物输入所必需的供暖功率。所以，无源房屋亦是这样一种建筑——在确保空气质量要求的前提下，其热力学舒适度能仅仅依靠对新鲜空气流的后加热或后制冷得以实现。

无源房屋在德国还是一个可持续发展的建筑标准——年均供暖能耗低于 15(kW·h)/m^2，并且只有天气在特别寒冷的情况下才使用很少的辅助供暖设施(通常仅消耗极少可再生能源)就能提供让使用者舒适和健康的室内小气候。热力学的舒适不仅意味着室内温度，其他与目标量相关的因素无源房屋均应满足：

1. 室内温度：18～24℃；
2. 围合房间诸面的表面温度不低于室内温度 3℃；
3. 空气湿度：相对湿度 40%～60%；
4. 空气速度：平均室内空气流速低于 0.15m/s。

再有，无源房屋借助朝南大玻璃使房间很明亮；通过闭合的窗户抑制噪声干扰；夏日由于高度绝热防止了室内过热；提高了无源房屋的室内舒适度。

建造无源房屋有两大要点：①好的外围护结构保温——形体系数小；良好热绝缘材料(墙、屋顶、地板、特别是窗户)；密封；无热桥。②带高效热量回收(大于 80%)的通风系统；可能的话，利用地热资源。

图 1-1 简约地描绘了无源房屋断面图：外围护结构具有良好热绝缘材料，密封，无热桥和通风热能回收。

人生有很大部分时光在封闭的室内度过，因此，健康舒适的决定性因素是室内空气的质量。无源房屋的通风不仅不浪费能源，亦能确保通风卫生。通过高效空气过滤器，进入室内的新鲜空气质量极佳，对过敏体质者更具意义。相对湿度 40%～60%最为清爽舒适。由于建筑构件部分在外面的露水沾湿可借助此构件在室内的部分有较高表面温度得以避免，通过霉菌侵袭造成的污染以及对建筑构件的损害也可以被排除。

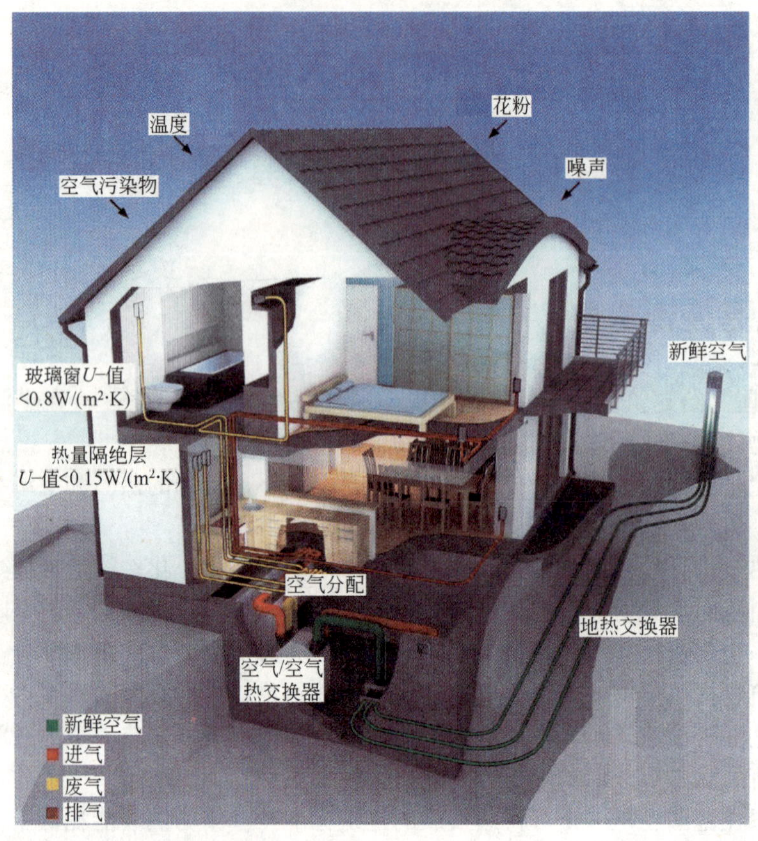

图 1-1 无源房屋断面简图

(照片来源：www. comfosystems. de)

与一般房屋相比，无源房屋投资花费略高(主要花在改善窗户、通风和绝热)，在德国大部分可由政府津贴补偿。至于无源房屋的运行，在今天燃料价格条件下，相对于一般房屋优越性得以彰显。随着政府补贴力度的加大，这一经济优势更为突出。

通过无源房屋建筑部件的市场化竞争、相关公司经验的累积，建筑成本还有很大降低的趋势与空间。

高质量的设计和施工，还有高寿命的建材保证了无源房屋在再销售市场上的高附加值。过去一些年的经验表明：无源房屋作为地产，不仅为租户所接纳，而且让用户喜欢——舒适和安逸。基本上可以说，无源房屋并没有对使用者的行为提出特别的要求。当然，使用者应遵循一些正确且简单的基本原理并能对在使用手册上介绍的无源房屋运行机制有所了解。比如，普通房屋的通风系统用在无源房屋，对使用者在能源消费方面必须有所限制。任何时候开窗当然是可以的，但冬天定期较长时间开窗通风应予禁止，因为定时通风引入新鲜空气使开窗完全没有必要。

在中欧地区，一个标准供暖系统是由散热器、管路和一个中央燃油或燃气锅炉组成的中央式热水供暖。既有建筑的典型最大供暖功率约 100W/m^2。这就意味着：若要替代暖气，需要每平方米点亮一盏“100W 的白炽灯”。一语道破无源房屋的核心思想即是：热损失被剧烈地减到如此之小——单独的供暖根本不再需要(图 1-2)。图中显示：尚需的“剩余供暖”可以轻而易举地通过进气后加热来供应。当所需最大供暖功率小于 10W/m^2，

一间 $20m^2$ 的客厅只需两盏上述“白炽灯”足矣。在此情况下，热量将通过通风系统的进气后加热存储器送入。图 1-2 明确指出它为什么和怎么样运作。如果进气后加热作为唯一的热源就已足够，我们称这座建筑为无源房屋：它无需有源供暖系统也不需要空调装置。

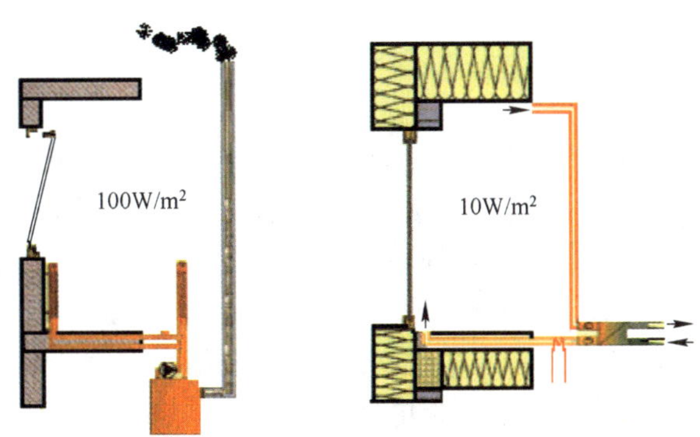

图 1-2 既有建筑(左)和无源房屋(右)供暖功率比较

无源房屋的供暖热负荷是如此之小以至一个单独的供暖成为多余：这一很小的剩余供暖热负荷可以通过既有的通风系统导入。下面给出“无源房屋条件——全年供暖热负荷低于耗能 $15(kW \cdot h)/m^2$”的导出：

由于卫生的原因，一个可控的住宅通风要求：

1）符合卫生条件的进气：$V \approx 1m^3/(h \cdot m^2)$；

2）临界温度：后加热处，$\theta < 50℃$，$\Delta\theta = 30K$（如在特别寒冷天气的情况下，从 10～20℃）

考虑空气比热容：$C=0.33(W \cdot h)/(K \cdot m^3)$，则最大供暖功率：

$$P_{供暖} = V \cdot C \cdot \Delta\theta = 1m^3/(h \cdot m^2) \cdot 0.33(W \cdot h)/(K \cdot m^3) \cdot 30K = 10W/m^2$$

为了确保每年十二月和一月严冬时节室内房间保暖（以 62d 即 1488h 计），最大可靠供暖热量需求量为 $15(kW \cdot h)/(m^2 \cdot a)$。

一个受控住宅通风对于保持良好室内空气质量不可或缺。应当避免直接换气操作。空气更新系统的进气同样可以用作输入稍许热量（在盛夏也能输入凉爽）。上面估算表明，从德国国家标准 DIN 1946 规定每人需要 $30m^3/h$ 新鲜空气出发，按照每人 $30m^2$ 居住面积来算，每平方米居住面积进气应至少 $1m^3/h$。在后加热存储器处的最高温度必须限制在 50℃以下，以避免灰尘干馏。简单地按空气热容量为 $0.33(W \cdot h)/(m^3 \cdot K)$ 计，则有最大供暖负荷为 $10W/m^2$，此功率能轻而易举地从进气输入。这一结果通常适用于所有住宅建筑，与气候无关。然而，要将热损失和自由热之间的收支决算限制到非常小的花费在不同天候却大相径庭。

降低供暖热负荷也可通过在屋内应用更多电器如家电、照明和其他技术上的“消耗”来达到。然而这并非我们所追求的。在无源房屋，非再生能源的消耗和环境负担应尽可能地小；同时在夏天亦能达致舒适的室内小气候。总体能量消耗包括供暖热负荷，热水制备和家电用能量——所有不可再生能源消耗总量应尽可能保持在低水平。因之，无源房屋指的是这样一种建筑物：其消耗总能量标称值，对一般住宅而言，不超过 $120(kW \cdot h)/(m^2 \cdot a)$。这一总体原始能量标称值意味着无源房屋所有居家能量当值功率（供暖、热水、照明、烹饪、电视等)需求很小，仅相当于如今一般居家电器和照明用电能耗。

1.2 无源房屋结构基本原则

1.2.1 建筑体形系数(A/V 关系)

在供暖期，每一建筑物都通过其外壳向外散热。这种传导热损失直接和其外围护结构面积成正比。热交换面积越小，外围护结构所包围单位空间体积供暖热负荷越小(A/V 关系——建筑体形系数)。无源房屋在选择建筑形式方面则是以减少散热表面积为目标：球、立方体显然最符合这一要求。花费合理地实现这一整体建筑理念，可有如下考虑：单一家庭住宅和排屋相比能量消耗多 50%；分层房屋和办公用房屋因为有更大空间纵深，从合理之 A/V 关系来判断，这些建筑形式会更划算。

1.2.2 建筑物的朝向

另一个重要措施是建筑物朝南座向，得以装朝南玻璃大窗无源地吸收太阳能。当然这首先是冬天所需，但不能有任何阴影遮挡。太阳高度角在冬天更低，因此，太阳辐射穿过玻璃几近垂直，对能量穿透更有益。夏天，在我们的纬度，太阳起始射入朝南前立面迟，然后升起很高，又提早离开。这样一来，宁可朝南玻璃面积在夏日的阳光通量少(因之较小的过热问题)，而不要向东和向西的大玻璃。朝南装窗玻璃不仅减小隆冬供暖热负荷，还可在白天借自然光使房间明亮，减少部分人工照明以节省电能。

一些城市建筑并不总是允许最佳朝南座向。然而采用市场上可提供的非常好的无源房屋部件(窗户、隔热材料等)，在并非最佳周边条件下，稍微多一点花费依然可以实现无源房屋标准。

图 1-3 超乎寻常的保温层

(照片来源：www.bmvbs.de)

1.2.3 建筑外围护结构的保温

基于中欧地区气候，在所有因素中减少热损失是决定性的。没有超乎寻常的保温层，无源房屋则无从谈起！然而，“损失最小化”和“摄入最大化”这对过去经常作为对立的目标应当完整地在无源房屋中最佳纳入！如果热量损失没有被大大地降低，我们从摄入太阳能得到的喜悦将只是短暂的，只是在过渡季节(春秋季)房子不需暖气。平均看来，在一个有足够太阳光辐射的白天一个有大窗户的朝南房间可以暖和，但一到傍晚这一功能则失效。因为这房间的热能迅速地散失了；只有具备很好的保温层，无源摄入太阳能的应用才能恰如其分地发挥功效。只有当热损失减小到：太阳能辐射在十二月和一月也足以使房间保暖，才有可能达到无源房屋标准。

传导热损失指的是外表建筑构件的导热损失。传热系数或称U值［单位：W/(m^2·K)］是一至关重要的特征量，即当一平方米建筑部件毗邻两边空气温度相差1K时，有多少热量通过它。最佳建筑围护结构中重要的组成部分同时也是一个出类拔萃的外围护结构保温层，墙、屋顶和地板应具小的传热系数：$U<0.15$W/(m^2·K)，最好$U<0.10$W/(m^2·K)。为此，外围护结构上最小绝热厚度应为25cm。严格地实施隔热是非常重要的。

由实体建材和隔热层组成的双层结构有很多优点：

借助一个在无源房屋标准中通常采用的最小绝热层厚度30cm之热隔绝复合系统，可以达到很好的隔热效果。潜在的热桥如水泥支撑、顶盖板、露台等应尽量避免，因为这些建筑部件遮掩甚至部分抵消了隔热层的作用。

一个位于良好外围护结构保温层之内的承载壳体不但得到对承受热张力的保护，而且可用作为热存储体。因此，实体墙要求有好的密封性，这可通过湿灰浆(内部抹灰)实现。

轻型木建筑方式具有天生好的热保护特性但强度稍逊。它容易元件化和工业预加工，因此，节省成本且原始能源投入很少。缺点是缺乏隔声和热存储能力以及没有足够的密封性能。这可通过带抹灰的内部建筑部件、多层次构建和在设计及建造密封平面时的特别仔细处理来弥补。

建无源房屋要求在现场减少由热桥导致的附加热量损失以期降低热负荷及供暖的负担。热桥是在建筑部件的局部面积上周期地通过一个未经干预而发生的热量溢出，特别是在部件相连接、相交汇、相渗透处，边缘和角落，热量损失陡增。它超过这一面积乘上传热系数产生的值，即所谓热桥效应。

避免热桥不仅对降低热损失非常重要，也能防止潮湿隐患和由此引发的霉菌问题。热桥可区分为几何热桥(比如角落——外表面积大于内表面积)和结构热桥，也就是说，非常规运行产生的热桥(如绝热材料的破损、渗透、凸起，突出的阳台板，窗户连接处)。随着隔热水平的提高，热桥的影响日趋彰显。它使建筑的保温变得不划算，甚至无效。

在无源房屋，几何热桥也难避免，但从热量收支表上看，几何热桥影响不大。然而，在建造无源房屋时应尽量避免热桥或使之影响最小。热桥的计算基础是热桥损失系数——建筑构件直线型热桥每米每度(Kelvin)附加传输热功率(W)。如果热桥损失系数小于0.01W/(m·K)，则这一热损失可忽略不计；如超过，应放在热量收支表上考虑。

无源房屋建筑外围护结构必须尽可能密封。密封平面应在围护结构保温层的室内一侧。为使无源房屋达到所要求的空气交换率$n_{50}\leqslant0.6\text{h}^{-1}$，需拿出一系列建筑结构方面的详细解决办法，从设计阶段密封概念被提出开始，直到后面各阶段进一步考虑。重要的是现场质量核验：有计划地、详细地实现密封壳体必要的监察和控制。一个有效检查密封壳体泄漏的方法是风机-门-测量，由此产生建筑内外压力差。在这压力(50Pa)下，可检查壳体密封与否及何处有空气泄漏。第一次试验在建设期，于密封平面上进行。经过改进，第二次试验在试用期，并且强迫要求进行——密封性必须满足要求。另一个确定泄漏的方法是用远红外线相机(热像仪)拍照，通过图像颜色辨识。同样对密封方案非常重要的一点是所有参与人员对提及问题的敏感和认真程度。

1.3 无源房屋技术基本原则

1.3.1 无源房屋的通风

要确保无源房屋达到低能耗，在减少通风热损失的同时，仍须借助通风设备达到满足要求的具有热回收功能之空气热交换。这里排出空气的热量经一个热交换器传给从外面进入的新鲜空气，即废气携带的大部分热量被回收。

新鲜空气是居家舒适和卫生的前提。经常听到抱怨：通过缺口和缝隙进行所谓“自然通风”不能令人满意也不能确保空气交换。自然驱动力摇摆不定，有时幅度还相当大：对于一个不密封的房子，强风来了如同火车在吼；风停下来，房屋自身新鲜空气常常不够而且气流组织不合理：譬如，住宅一层的房间，外面空气从房门下面的缝或从倾斜开的厕所窗户吹进，已负重荷的空气流经整个住宅从屋顶不密封的地方排到外面。缝隙通风，还有那从本质上说是偶然通风的窗户通风，对无源房屋而言，都是不可取的。

一个良好通风的恰当标尺早在一百年前就被 Pettenkofer 提出：好的空气质量＝二氧化碳在空气中含量小于 0.1%，这个标尺现在已被大多数人接受。因为人本身也是重要的二氧化碳源，每人每一小时需 25～30m^3 新鲜空气；对于 3～5 人的住宅，新鲜空气需量为 90～150m^3/h。这流量也适合于排气：诸如从厕所(20m^3/h)，浴室(40m^3/h)，和厨房(60m^3/h)排出废气的总和。如果安装一个抽油烟机，应能在做饭时将蒸汽，油烟以150m^3/h 排出。通过长期的通风还可以确保脱湿。满足这些要求，可被称为需求通风。

借助随意的，也就是说偶然确定的驱动力，需求通风是不可能实现的。对于一般低能耗的房屋，一个有效的方法是采用永久运行的排风扇将废气从厕所，浴室和厨房排出；当房屋外围护结构密封好后，新鲜空气从客厅、餐室、小孩房或主卧室的墙进入，入口一般安排在散热器的上方。这种通风系统简单有效，经济合理。

但是，这并不适合于无源房屋。我们可以计算一下一个居住面积 120m^2 的四口之家：新鲜空气应是 120m^3/h，而仅仅排气设施一项带走的热量损失就为 28(kW·h)/(m^2·a)，已超过了无源房屋允许的年供暖热负荷。所以高效的热回收势在必行。

据经验，无源房屋通风系统应遵循如下要点：

1. 房屋本身必须有非常密封的外围护结构。

2. 热量回收必须是高效的——要求回收率在 80%以上，如今通常采用大型对流空气-空气热交换器或多层交叉空气-空气热交换器实现。

3. 包括风扇本身及其调节控制，通风设备耗电应当小。

4. 房子设施的集成应仔细设计：尽可能距离短；不要分叉；减少通风道的迟滞。通风的应用部分应为光滑的墙，卫生无瑕；还包括密封的管道和通道元件(如敷设槽管)。通风系统的气流速度，一般均不得超过 3m/s。依此，主通道的水利学直径应为 15cm 或更大。

从图 1-1 可以看出，建筑一般被分为三个区：入气区(如客厅、餐室、小孩房、主卧室和工作间)；通风过渡区(过道、楼梯)和排出废气区(这里是潮湿房间和特别负荷的房间如吸烟室)。入气区和排出废气区的每一房间应有足够尺寸的传递流量开口，使足够流量不被阻挡并使气流从入气区经过渡区到废气排出区。重要的是传递流量开口处的气流速度不超过 1m/s。应避免房屋异味和有害物质的扩散。起决定性作用的是通风设备应首先保证空气卫生。

建造无源房屋带有高热量回收值(大于 80%)的通风系统必不可少。高热量回收值的通风系统中的空气-空气热交换器主要有两大类：交叉气流-空气/空气-热交换器和对流-空气/空气-热交换器，见图 1-4(*a*)和(*b*)。实际应用当中，常常采用二者结合即交叉-对流-空气/空气-热交换器，见图 1-4(*c*)。

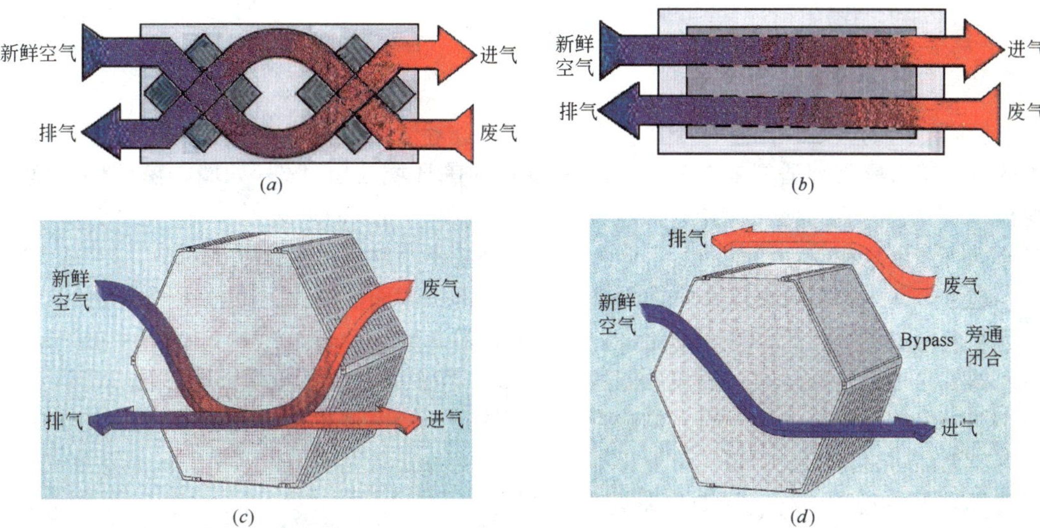

图 1-4 空气/空气-热交换器简图

(照片来源：www. comfosystems. de)

(*a*)双交叉热交换器；(*b*)对流热交换器；(*c*)交叉-对流热交换器；(*d*)夏日 BYPASS 旁通闭合

安装大的热交换器，当外面温度低于－5℃时在排气处可能会结冰。为避免结冰，一个完美的方法是装设地热交换器。在供暖期，地热交换器可基于外部地层和外部空气间自然温度差(最大能达 20℃)使外部空气预热，改善废气热回收设施的预热程度。与此同时，它可防止冬天热交换器结冰。如不用这一预热，必须在吸入过滤器和热交换器之间有一前置热调节器以代替结冰监视控制器。无论如何要避免废气通过热交换器向外排出时结露，甚至造成热交换器结冰。在夏天，地热交换器亦可经一迂回管路(BYPASS)将干燥冷空气引入帮助房屋制冷，见图 1-4(*d*)。

1.3.2 无源房屋通风后加热源

无源房屋以供暖能量需求不大于 15(kW·h)/(m^2·a)为标志，一般情况下，通常的供暖系统可被废弃。这 15(kW·h)/(m^2·a)剩余供暖热量需求量当中，已经包含了总体自由热。满足剩余供暖热量需求的热源类型可有多种选择：

1. 中央型或分散型电后加热有明显的优点——随时随地供应方便，测量调控准确快捷，初始设备投资节省；但是，每产生 1kW·h 电能必须至少消耗 3kW·h 原始能源的能量(高原始能量系数 2.97)。在如今 85%以上电能产生尚须依靠不可再生能源的条件下，用电进行后加热显然也有些违背建造无源房屋节能减排的初衷。

2. 为降低剩余供暖热量需求，人们以热泵替代直接用电后加热。热泵靠相反“冰箱原理”运行，其热源可为空气、地下水和土壤以至于经对流-空气/空气-热交换器后的废气。热泵效率系数为加热功率和运行功率(电，天然气)之比。

3. 太阳能设施经常与热泵组合用于热水制备。它可包揽一年中 60%的热水加热需求。其余由电或其他再加热设施覆盖。

4. 市场有供应带有小燃烧值热灶的太阳能热存储器。当然，尚要求燃气或燃油等燃料及附加费用。

5. 各种不同类型后加热之间的组合。

1.3.3 舒适度

健康舒适的决定性因素在于室内空气的质量。舒适度是人体主观上对多种因素共同作用的感觉。人感觉舒适主要和室内空气温度，周围环境建筑部件(如墙、窗玻璃、屋顶、地板)表面温度，还有空气的相对湿度，通风的种类和持续时间以及周围环境的建筑部件热存储特性息息相关。这是因为人体和其周围环境不断地进行热交换的缘故。

这里，室内的空气温度和室内周围环境建筑部件表面温度相互依存。图 1-5 给出舒适度与室内周围环境建筑部件表面温度关系的大体轮廓。

如果在一个普通房间，墙表面温度为 10℃，尽管室内空气温度够高，比如 23℃，室内小气候仍然不舒服。这时候人体被吸走很多热量，特别是挨近墙表面时。生理学的研究表明：无源房屋冬天没有暖气，夏日不用空调室内各处温度均匀，20℃时的感觉如同一般房屋内 23℃的感觉一样。无源房屋具有高舒适度。

当室内相对湿度 40%～70%rh，空气温度 20℃时，人们的舒适度感觉最好。在供暖负荷不大于 $10W/m^2$ 的情况下，温度降低导致相对湿度升高，反之亦然。图 1-6 给出舒适度与室内相对湿度关系的概况。

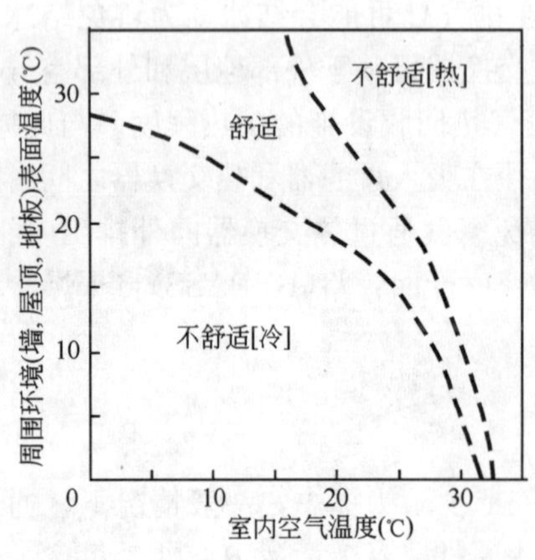

图 1-5 舒适度与室内周围环境建筑部件表面温度相互依存关系

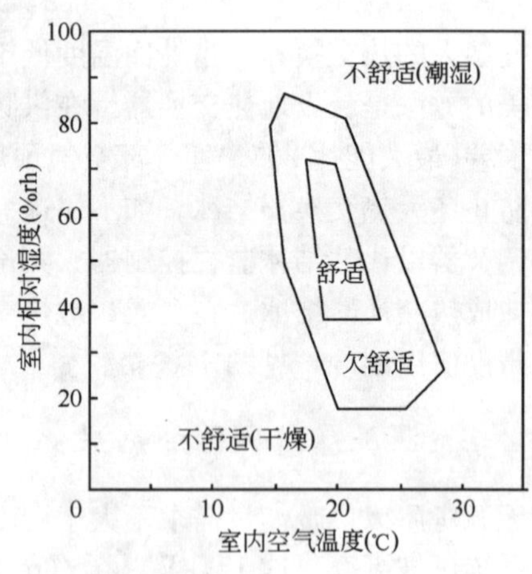

图 1-6 舒适度与室内相对湿度关系

1.4 无源房屋标准规范的小结

如上所述，无源房屋标准规范可被量化如下：

1. 附加供暖热量需求：$\leqslant 15(\mathrm{kW\cdot h})/(\mathrm{m}^2\cdot \mathrm{a})$；
2. 原始能量需求(供暖、通风、须用热水制备和家用电器)：$\leqslant 120(\mathrm{kW\cdot h})/(\mathrm{m}^2\cdot \mathrm{a})$；
3. 无热桥：热桥损失系数 $\psi < 0.01\mathrm{W}/(\mathrm{m}\cdot \mathrm{K})$；
4. 墙、屋顶和地板应具有小的传热系数：$U < 0.15\mathrm{W}/(\mathrm{m}^2\cdot \mathrm{K})$；
5. 窗户：三层热保护玻璃充稀有气体，玻璃能量穿透度 $g > 50 \sim 60$，热保护窗框：整个窗户传热系数 $U_{\mathrm{w}} < 0.8\mathrm{W}/(\mathrm{m}^2\cdot \mathrm{K})$；
6. 空气密封：$n_{50} \leqslant 0.6\mathrm{h}^{-1}$(压力 50Pa)；最大空气交换率：$0.6\mathrm{h}^{-1}$；
7. 高效通风设施带有废气热量回收(预热程度≥80%；通风设施需电能：小于 $0.45(\mathrm{W\cdot h})/\mathrm{m}^3$)。

1.5 无源建筑设计

无源建筑设计也要遵循对一般建筑设计共同的基本要求进行：

1. 满足建筑功能要求；
2. 采用合理技术措施；
3. 具有良好经济效果；
4. 塑造建筑美学形象；
5. 符合总体规划布局。

这里，仅就无源建筑设计某些特殊考量因素予以讨论。

1.5.1 无源建筑设计的地理因素

无源建筑朝南座向的目的就是最充分地利用太阳热能。首先是在冬天西南至东南区域不能有任何阴影遮挡。太阳在冬天更低，因之，太阳辐射穿过玻璃几乎近于垂直，对能量穿透更有益。夏天，太阳起始射入朝南前立面迟，然后升起很高，又提早离开南前立面。然而，为了要确保早晨和黄昏尽量少的朝东和朝西向的日照，西面和东面种树或其他植被以遮阳。

对高层建筑，也要考虑临近建筑的日照间距，适当加大朝南而减少东面和西面窗玻璃面积等措施，以保证冬日最大限度地利用太阳热能；夏天最小的朝西向晨照与朝东向夕晒。

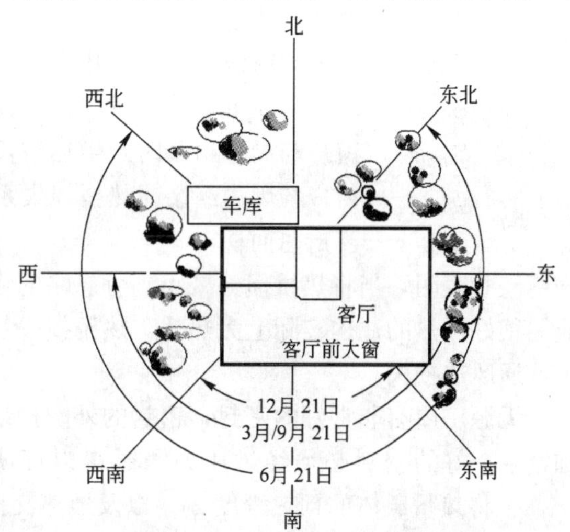

图 1-7 无源建筑最佳地理安置的平面草图

图 1-7 是一个无源建筑最佳地理安置

的平面草图。

为使外围护结构所包围单位空间体积供暖热量需求少，即小的 A/V 建筑体形系数，无源建筑应保持外形高度整体性：尽量避免或减少凸凹尖角。

为充分利用阳光，一般安排客厅(生活间)朝南，辅助房间朝北。这将使温度梯度从生活房间向辅助房间逐渐扩散。

1.5.2 无源建筑设计的物理因素

一般说来，建筑室内物理环境包括：建筑热环境、建筑光环境、建筑声环境和室内空气品质控制等。无源房屋作为能量效率最高的节能建筑必然围绕表征分子运动的“热”来重点讨论。因之，这里研究的无源建筑设计物理因素仅涉及建筑热环境——热能收支表，通过分析计算热量收支得出剩余供暖热负荷。

图 1-8 示出无源房屋热能收支表的梗概。

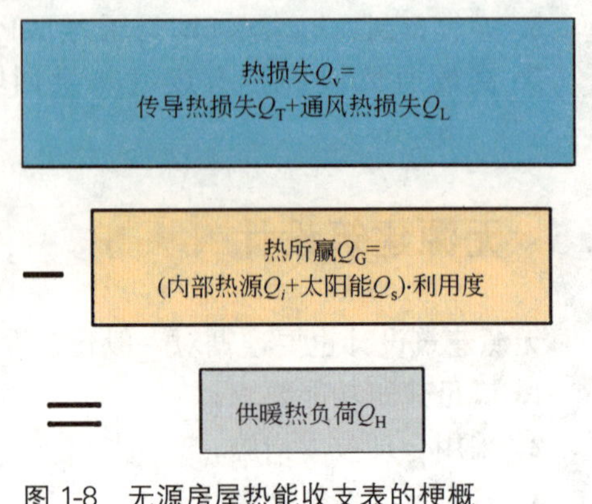

图 1-8 无源房屋热能收支表的梗概

传导热损失

传导热损失由所有相关面积 A 上的热损失($U \cdot A$)和热桥效应($\psi \cdot S$)共同组成。墙、屋顶和地板应具小的传热系数：$U<0.15\text{W}/(\text{m}^2 \cdot \text{K})$，这一数值通常由构件供应商提供。特别值得一提的是计算窗户整体的传热系数，有效窗户传热系数在依托 EN10077(补充了窗户组装情况下的热桥损失系数)可以计算如下：

$$U_{窗,有效}=\frac{A_{玻璃}U_{玻璃}+A_{窗框}U_{窗框}+S_{玻璃}\psi_{玻璃}+S_{组装}\psi_{组装}}{A_{窗}}$$

式中，$U_{窗,有效}$——有效窗户传热系数；

$A_{玻璃}$——玻璃面积；

$U_{玻璃}$——玻璃传热系数；

$A_{窗框}$——窗框面积；

$U_{窗框}$——窗框传热系数；

$S_{玻璃}$——玻璃与窗框连接产生热桥长度；

$\psi_{玻璃}$——玻璃与窗框连接热桥损失系数；

$S_{组装}$——窗户与周边组装时产生热桥长度；

$\psi_{组装}$——窗户与周边组装时热桥损失系数；

$A_{窗}$——窗户总面积

经验表明，当将热桥损失减小到可忽略的程度，设计者在计算中完全不用考虑热桥效应。很好隔热的建构实际上无热桥［热桥损失系数 $\psi<0.01\text{W}/(\text{m} \cdot \text{K})$］。

通风热损失

无源房屋有非常好的密封，密封的外围护结构包围整个房屋并且所有连接之处都应仔细密封。好的密封必须经过压力测试得以证明。为计算通风热损失，先算设施交换率 Φ_{WRG}：将热量载体的预热程度 η_{WRG} 以及地热交换的预热程度 η_{EWT} 代入，则

$$\Phi_{WRG}=1-(1-\eta_{EWT})(1-\eta_{WRG})$$

据此，再加上渗透率 $\eta_{L,Inf}$ 可按下式得出一个能量等效空气交换率 $n_{等效}$：

$$n_{等效}=n_{设施}\cdot(1-\Phi_{WRG})+n_{L,Inf}$$

这里 $n_{设施}$ 是通过设施提供的空气交换率，通常 $n_{设施}$ 应为 $0.4h^{-1}$。

进一步，可按照下式计算出通风热损失 Q_L：

$$Q_L=n_{等效}\cdot V\cdot c_{p,Luft}\cdot G_t$$

这里 V 是空气的体积；$c_{p,Luft}$ 是空气比热容，通常为 0.33(W·h)/(K·m^3)；G_t 是相对外面空气的采暖度小时［每年需提供暖气度(kelven)仟小时数，单位为(K·kh)/a］。

太阳热量所赢

这里先确定窗户能量收支表。引发太阳辐射供应减弱的相关量(如窗框面积占全部窗户面积的份额，玻璃肮脏程度和玻璃 g 值)：减弱系数 r 考虑了窗户面积的窗框部分，阴影遮挡和玻璃肮脏程度，g 是装玻璃全部能量的穿透度(垂直辐射穿透)，A_F 是窗户面积，G 是方位辐射供应。另外，如下一些标称值亦应已知：

1. 窗玻璃的 U 值 u_g；
2. 窗框的 U 值 u_f；
3. 窗玻璃边缘热桥损失系数 ψ_g；
4. 窗户嵌入热桥损失系数 ψ_{Einbau}。

然后可得太阳热量所赢 Q_S：

$$Q_S=r\cdot g\cdot A_F\cdot G$$

依中部德国标准，主要朝向 G 采用：

全部辐射　南面：G_S　370(kW·h)/(m^2·a)

全部辐射　东面：G_O　220(kW·h)/(m^2·a)

全部辐射　西面：G_W　230(kW·h)/(m^2·a)

全部辐射　北面：G_N　140(kW·h)/(m^2·a)

全部辐射　水平：G_H　360(kW·h)/(m^2·a)

比如说，前立面相对于朝南有 15°转角，全部辐射值会有少许变更。

内部可用热源

内部可用热源包括：

1. 人给出的热；
2. 电能(非供暖用电)；
3. 热水的热能；
4. 冷水消耗(随放出而带走室内热量，作为损失)；
5. 水的汽化(如盆栽放出的潮湿)。

内部热源常常被过分高估。因此，导致较小的余下供暖热负荷。对无源房屋而言，实际的内部热源 Q_I=11(kW·h)/(m^2·a)相应单位面积功率为 2.1W/m^2。

太阳能充分利用度

自由释放热 Q_F 是在供暖期间太阳辐射 Q_S 和内部热源 Q_I 的总和：

$$Q_F=Q_S+Q_I$$

自由释放热在可供给时间上并非遵循一座房屋的热损失的时间过程；自由释放热更在于太阳受天气条件的如何制约以及人或设施的放热。由此，并非所有自由释放热都可以被利用。很多情形太阳辐射和内部热源大于所需热量，这时候热损失增加，仅仅由于高的温度差就加大传导热损失和通风热损失。当自由释放热过度供应时，可能短时间温度升高和附加通风。这则造成可观的热损失增加。

究竟自由释放热供给有多大程度可被利用，常以太阳能充分利用度 η 来表示。太阳能充分利用度与自由释放热的供给 $Q_F=Q_S+Q_I$ 以及热损失 $Q_V=Q_T+Q_L$ 之比密切相关：

$$\gamma=\frac{Q_F}{Q_V}=(Q_S+Q_I)/(Q_T+Q_L)$$

称为“太阳能-负荷-比”。当自由释放热供给多热损失少则形成过供暖；反之，只有少的太阳能供应，自由释放热供给利用度几乎 100%。提升“太阳能-负荷-比”，太阳能充分利用度降低，因为经常留下印象的是过供暖效应。决定性的是太阳能充分利用度与房屋的关系：多少自由释放热被利用不仅取决于窗户及其特性还与一系列参数有关。

可利用的热量所赢可按下式确定：

$$Q_G=\eta\cdot Q_F=\eta(Q_S+Q_I)$$

太阳能充分利用度与各个房屋相关，可为 40%～100%。在“通常情况下”建的低能耗房屋，其太阳能充分利用度约为 90%～98%；在低能耗房屋，太阳能热量所赢大约比太阳能供应少 2%～10%。对无源房屋而言，太阳能充分利用度在供暖期间会更少：当有高内部热源和大窗户时，会掉到 50%以下。在非极端情况，可以为 95%～98%。

年供暖热量需求

由热损失和热量所赢可算出供暖热量需求 Q_H：

$$Q_H=Q_T+Q_L-\eta(Q_S+Q_I)$$

Q_H 是剩余供暖热量需求以平衡热量收支表中热损失 $Q_V=Q_T+Q_L$ 和可利用热量所赢之差。

这样，影响剩余供热负荷的因素变得简单。这也使得设计者能切身体会到一座房屋的能量关系中哪个参数最重要。

无源房屋设计在结构设计方面的内容将在下面章节更详细地介绍。

1.6 无源房屋部件在既有建筑改造中的应用

从图 1-9 可以看出：在房间供暖方面，一个很大的节能潜力在于既有建筑。将无源房屋技术(如无源房屋隔热系统，无源房屋适合的窗户，带有热回收的通风系统)用在既有建

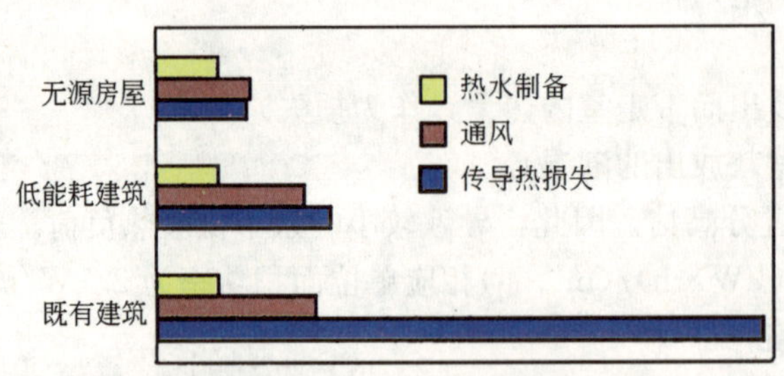

图 1-9 具有不同标准的住房建筑热量需求结构——质量的比较

(热量回收，太阳能以及内部热量所赢这里未予考虑，来源：www. BINE. de)

筑改造，长期效果上可使全部建筑供暖能量消耗减少多一半。建筑的热学技术质量将一步一步通过坚持不懈地采取措施并结合反正都要进行的更新改造项目实施而大大改善。

然而，既有老建筑经常有热桥且难以消除，限制了热学技术改造的进行。还有一些建筑的和经济的原因使无源房屋技术要求不能在老建筑改造中实现。根据已经实施的示范项目经验，在经济花费合理前提下用如今可提供的无源房屋技术实施更新改造，尚不能达到无源房屋标准［年供暖热量需求≤15(kW·h)/(m^2·a)］。一般来说，不断地改造后可达到的能量标称值约为25～50(kW·h)/(m^2·a)，可平均节省大约80%～90%能量。不恰当地引入无源房屋技术也可能对老建筑带来损害，如加入密封好的窗户(减少缝隙通风)而没有改善通风系统以及不完善的围护结构热量保护可能使室内空气湿度增加，甚至导致现存热桥附近霉菌生长。通过精心实施花费较高的更新改造可避免潮湿引起的建筑损害，另外，已有的伤害也可以消除。为确保加入密封的窗户，应由具有长期质量保证的住宅通风系统提供可控而且舒适的房间卫生条件并避免潮湿建筑损害。

解决除湿问题的中心点在于抑制既有老建筑尚存的热桥作用。为了实际应用，需引入纯排风设施或带有热能回收装置的高效能装备。一个过渡的解决办法是建立单一房间的设施。不像新建建筑，通风设施和管路安排从设计就开始考虑；在老建筑改造中必须因地制宜地作决定：什么设施更适合。对于被控制的住宅通风之任何选项，都要有一个尽可能高质量建筑外围护结构的密封。

花费较高的更新改造另一必不可少之处是要求好的建筑外围护结构保温。热量隔绝值越高，通常情况下，越容易将热力学弱点(热桥)消除。在一个生活间的典型情况，如各内表面温度高于12.6℃，则不可能出现霉菌生长适合的湿度。当外面隔热层很好，室内壁每一点都有较高表面温度，也就是说，潮湿引发的建筑损害可被良好的热量隔绝所降低。强化隔热追加热保护措施不仅可以避免建筑损害，还在增强舒适度以及节省能源方面有所贡献，不可省略。为提高热量隔绝值而增加的隔热材料花费只是区区一点点。

外墙：如今，在老建筑技术改造，通常隔热层6～15cm与无源房屋的30cm相比还有距离。老建筑改造应将一个热量隔绝复合系统的隔热层进行粘贴或揳入，而更重要的实施细节是在建筑部件的连接处如与墙基座的连接或与窗户边缘的连接。

最顶层屋顶盖：如屋顶层不用于居住，顶层屋顶盖的隔热是一个特别划算的措施。扩散技术的应用构造(隔热层下面的蒸汽抑制；隔热层上方的扩散透气箔片)必须完善地得以实现。

屋顶：已建成的屋顶房间，热隔绝可以按照椽间隔热的情况，在椽的下面和椽的上方建造。力争整个构件的U值达到<0.11W/(m^2·K)。

窗户：三层玻璃充稀有气体的高热量保护玻璃和具有传热系数U_w<0.8W/(m^2·K)热保护窗框在无源房屋中的成功应用也可以引进到既有老建筑更新改造中。

真空隔热［导热系数λ=0.004W/(m·K)］：在老建筑技术改造中，通常隔热层不足够，真空嵌板的使用可大大增加隔热效果，以使改造后的老建筑整个结构传热系数变小。

2 无源房屋建筑围护结构及细节

为达到无源房屋的各项指标，整个建筑围护结构起着最重大的作用。它包括墙体、地板和屋顶建筑构件。对这些建筑结构部件有很高的要求：涉及 A/V 关系、热量隔绝、热桥以及空气密封等诸多方面。

首先要考察的是建筑围护结构的保温层，因为它包罗所有要被加热的空间并使其温度即便在严冬也能维持 15℃以上。墙体、地板和屋顶这些不透明建筑部件的 U 值要求≤0.15W/(m^2·K)或者更好的话≤0.10W/(m^2·K)。这常常导致热量隔绝层的厚度为 25～40cm。

作为举例，下面挑选介绍无源房屋适用的墙体和屋顶建筑结构以及联结细节。除了展示绘图(比例 1∶10，图 2-1 至图 2-25 来自：Judith Schuck 女士《Passivhäuser——Bewährte Konzepte und Konstruktionen》一书，由 K. Kohlhammer GmbH，Stuttgart 出版社出版)，每一结构和每一细节也作进一步解释，对单独的构件还计算出相应的 U 值。所有陈述基于最好认知但不作担保，仅部分结构经考核。参考实施时请遵照当地规程。

2.1 无源房屋墙体和屋顶建筑结构

2.1.1 带有隔热复合系统的实体墙

1. 常规结构

这种实体墙首先要承担静力学功能。材料和建筑构件的强度选择取决于对墙体承载能力的需求；并依此为前提，尽量采用经济的通用墙体结构件来实现。高比重材料对于热量存储和声音隔阻有优势。热量隔绝复合系统在无源房屋标准中一般采用 300mm 隔热层来实现热量保护功能。不同生产商供应的相应部件彼此协调一致，应当基于认证和保险的需求，作为完整系统组装在一起。立面隔热板通常是聚苯乙烯，或岩棉隔热板，用一种矿物胶粘贴到外墙体的内衬表面。为防止外面空气干扰，这些隔热板不仅只是在几个点，应在四周围或整个平面进行粘贴。板之钝的末端，阶梯凹槽咬合缝要严密相接，不应生成任何缝隙。当粘结胶凝固后，敷以加固编织网，用刮铲找平；抹上聚合物水泥灰浆罩面。灰浆应有扩散渗出功能，力学性能稳定且能承受热载荷。

2. 提示

为固定外部照明、信箱、雨水管等，采用一些安装做法可以达到无热桥(如有承载分配能力的人造材料膨胀墙钉、地脚螺栓板、预留橱架结构等)。整体抹灰的墙体是足够密封的，但是必须注意：内墙抹灰要从清水屋顶起始直至清水落地。另外，在位于侧房、楼梯、墙体的预安装、预砌墙、墙体衔接处以及内墙的拱腹等处要特别仔细地预先清刷再抹灰。因为电插座和开关箱将穿透内灰层，在密封平面上电插座安装缝隙应用石膏填实。

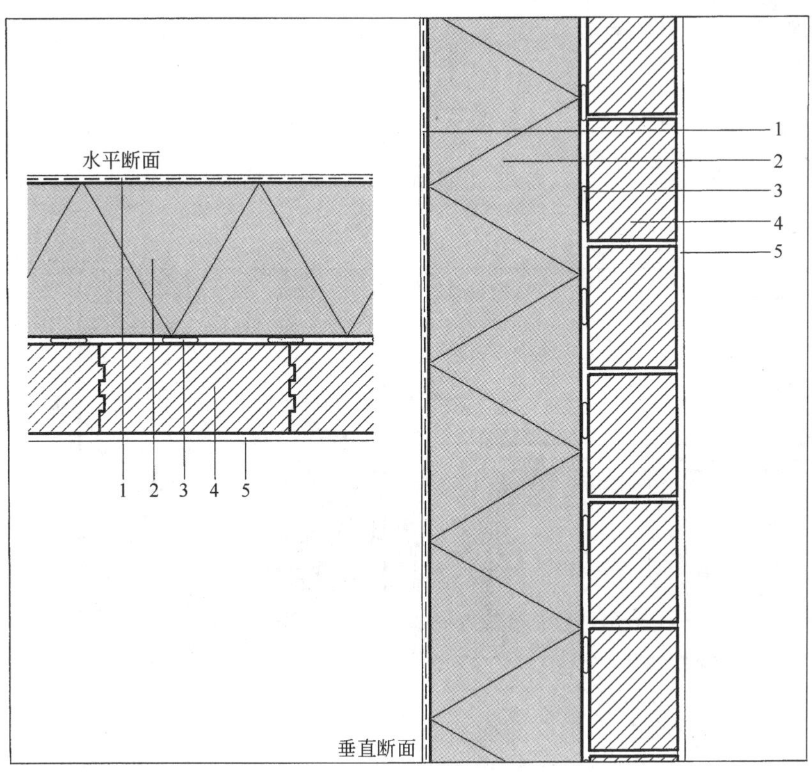

1	加固水泥砂浆，加固编织物，表层灰浆	15mm
2	前立面隔热板（如：聚苯乙烯 15、岩棉等）	300mm
3	粘接水泥砂浆	10mm
4	墙体件，按静力学要求	175mm
5	内灰浆	15mm
	总计厚度	515mm

图 2-1　带有隔热复合系统的实体墙

3. 评价

由墙体建材和隔热层组成的双层墙体结构有很多优点：通过这隔热复合系统（约 300mm 厚）可以达到高隔热效果。通常潜在产生热桥的地方如水泥支撑、遮盖板、圈梁等，由于这种整体隔热层，热桥得以避免。在良好建筑围护保温层之内的承载壳体受到热张力保护并作为热存储体利用效果颇佳。大型建筑墙体密封相对简单，通过完整密实的内灰浆即可完成。

4. 传热系数 U 值 [$W/(m^2 \cdot K)$] 计算

	部分面积 1	热桥损失系数 [W/(m·K)]	厚度(mm)
1	内灰浆	0.700	15
2	KS-墙体	0.990	175
3	矿物胶	0.990	10
4	热隔绝层	0.035	300
5	外灰浆	0.870	15
	总计		515

传导热阻 [(m² · K)/W]：内部 0.13、外部 0.04
传热系数 U 值 [W/(m² · K)]：0.11
KS-墙体：灰砂砖墙体

2.1.2 带有后通风幕墙式立面的实体墙

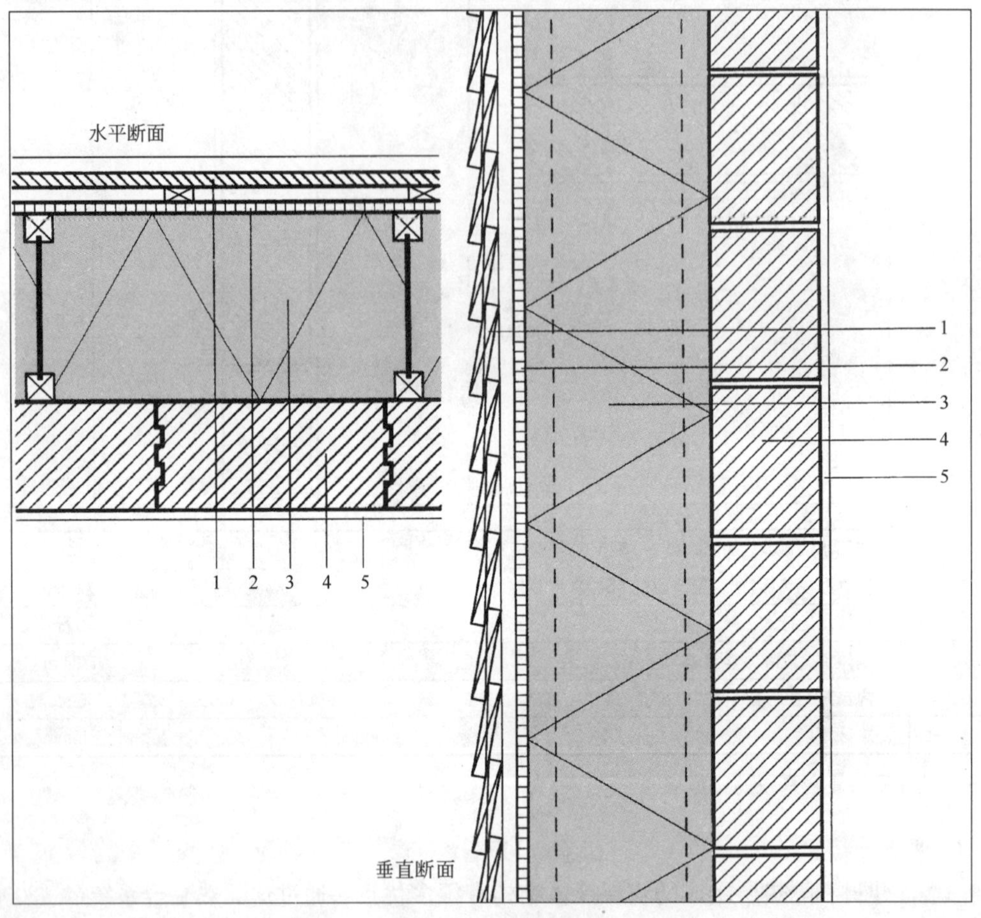

1	后通风前立面外装	
2	防水(如沥青层)木质软纤维板	18mm
3	子结构件：木质腹板承载器，高 300mm，轴向距 625mm； 填吹绝热介质(如纤维素绝热介质)	300mm
4	墙体件，按静力学要求	175mm
5	内灰浆	15mm
	总计厚度	508mm

图 2-2 带有后通风幕墙式立面的实体墙

1. 常规结构

这种实体墙首先要满足静力学的功能要求。选择材料和建筑构件强度取决于墙体需要的承载能力。高比重材料墙体对于热存储和声音隔阻有利。在墙体和放在前面也就是说挂在前面的子结构之间由岩棉、聚苯乙烯或其他适合的绝热材料如散装填吹膨胀珍珠岩粒等制成的前立面绝热板被置入，然后用一个不透风的平板保护起来。这里介绍的带有填吹纤维素绝热介质的木制梁腹板支撑结构件有一系列优点：木制梁腹板支撑结构件自重小，安装快而且简单；因为强力梁腹板只有 10mm 厚，所以几乎无热桥；无疑满足无源房屋高绝热标准，是一个理想的子结构件。对湿度不敏感的扩散透气的木质软纤维板保护着绝热层并形成密封平面。梁腹板之间的空间用填吹纤维素绝热介质不留任何缝隙地加以严密填充。后通风幕墙式立面外装应具有防潮，防天气变化功能。幕墙式立面外装最好应当板型化：木板(地板、顶板、卷边板、模板)、刨花板、平面木薄板(纤维板)、金属板(瓦楞板)、自然岩石或玻璃(包括光伏电池模板，太阳能集热正立面)。

2. 提示

外部照明、信箱、雨水管等，可以依附子结构件安装。和在上节 2.1.1 介绍的带有隔热复合系统的实体墙相反，这里并不需要特殊减少热桥的固定结构件。

3. 评价

挂在前面的后通风幕墙式立面外装提供长期耐天候变化保护，并且由于有很多通用材料可供选择，提供给建筑造型以更大的自由空间。绝热层厚度被子结构最大允许伸出长度所限制，这本身也可能成为热桥而造成缺失。构造无热桥和密封连接花费相对高，选择结构材料也与花费相关。

除此之外，已经提到实体外墙外保温具有的优点：通过完整的外隔热层保温可避免热桥，承载壳体受到热张力保护并且能起到良好热存储体的作用。通过完整密实的内层灰浆可以做到良好密封。

4. 传热系数 U 值 [W/(m^2·K)] 计算

	部分面积 1	热桥损失系数 [W/(m·K)]	部分面积 2	热桥损失系数 [W/(m·K)]	厚度(mm)
1	内灰浆	0.700	内灰浆	0.700	15
2	KS-墙体	0.990	KS-墙体	0.990	175
3	填吹绝热介质	0.040	木质腹板支撑架	0.170	300
4	木质软纤维板	0.050	木质软纤维板	0.050	18
5	后通风立面		后通风立面		
	总计				508

(部分面积 2 占 3.5%)

传导热阻 [(m^2·K)/W]：内部 0.13、外部 0.08

传热系数 U 值 [W /(m^2·K)]：0.13

KS-墙体：灰砂砖墙体

2.1.3 无后通风带有支撑结构件上灰浆立面的实体墙

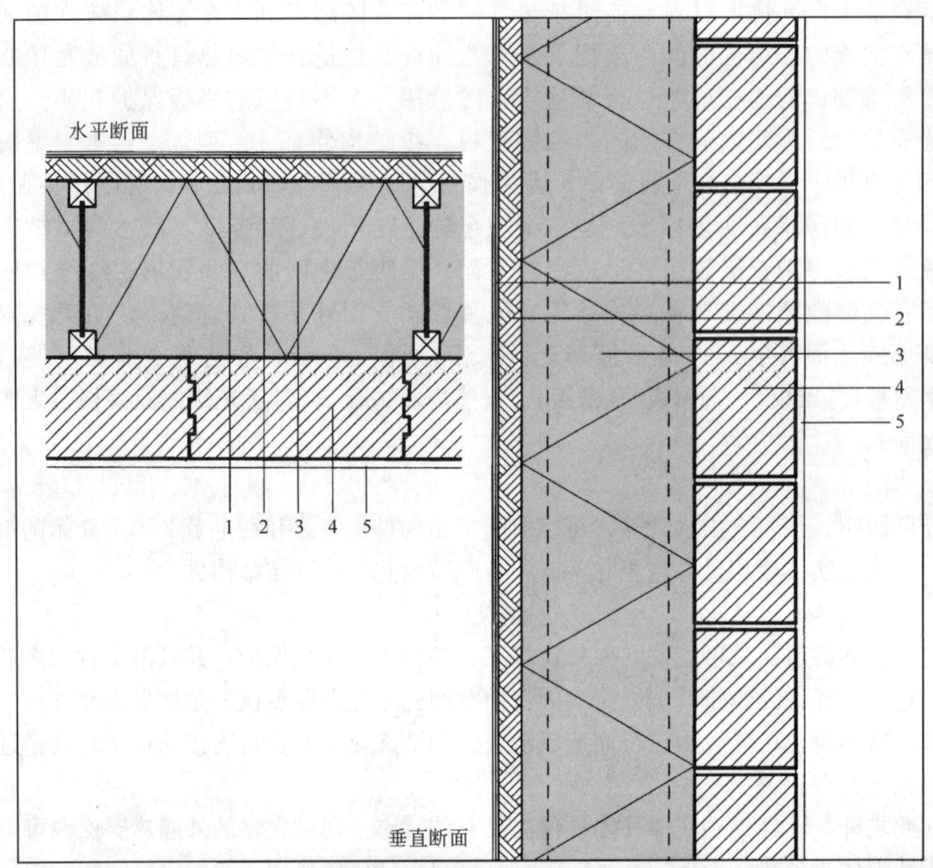

1	加固灰浆，加固编织物，表面灰浆	15mm
2	抹灰承载板(如木质软纤维板)	40mm
3	子结构件：木质腹板承载器，高 300mm，轴向 625mm； 填吹绝热介质(如纤维素绝热介质)	300mm
4	墙体，按静力学要求	175mm
5	内灰浆	15mm
	总计厚度	545mm

图 2-3 无后通风带有支撑结构件上灰浆立面的实体墙

1. 常规结构

无后通风带有支撑结构件上灰浆立面的实体墙与前面 2.1.2 中介绍的带有后通风幕式立面的实体墙之最大区别在于用灰浆立面替代幕墙式立面。因之，这是实体墙外隔热层的一个变种，采用灰浆立面但是没有回到传统的隔热复合系统。在这种依静力学功能要求的实体墙前面安装木制腹板承载体子结构件。置入由岩棉、聚苯乙烯或其他适合的绝热材料制成的前立面绝热板。对湿度不敏感的扩散透气木质软纤维板保护绝热层的同时建立了强化表面灰浆的承载基础，灰浆构成不透风的密封平面。梁腹板承载体之间的空间用填吹纤维素绝热介质不留任何缝隙地严密填充。

2. 提示

和带有隔热复合系统的实体墙相反，通过这个子结构件，这里并不需要特殊的减低热桥的固定结构件。

3. 评价

这一结构相对于隔热复合系统的优点在于生态材料(填吹纤维素绝热介质，软纤维板)的介入；和幕墙式立面结构比较，优点在于通过外灰浆更容易达致密封要求。这样，实体墙的优点(热存储、静力学承载、防噪声)可以保持。但此结构花费大。

4. 传热系数 U 值 [W/(m^2·K)] 计算

	部分面积 1	热桥损失系数 [W/(m·K)]	部分面积 2	热桥损失系数 [W/(m·K)]	厚度(mm)
1	内灰浆	0.700	内灰浆	0.700	15
2	KS-墙体	0.990	KS-墙体	0.990	175
3	填吹绝热介质	0.040	木质腹板支撑架	0.170	300
4	灰浆支撑板	0.050	灰浆支撑板	0.050	40
5	外灰浆	0.870	外灰浆	0.870	15
	总计				545

(部分面积 2 占 3.5%)

传导热阻 [(m^2·K)/W]：内部 0.13、外部 0.04

传热系数 U 值 [W/(m^2·K)]：0.12

KS-墙体：灰砂砖墙体

2.1.4 带有木质腹板支撑架的木制轻型墙体

1. 常规结构

由大约 45mm×45mm 硬质棱木作支撑窄块并用大约 10mm 厚硬质纤维板作支撑腹板，木质腹板支撑架承担了支撑功能。这种支撑架韧性大，几何尺寸稳定，承载能力很强同时自重小。采用这种腹板支撑架可以实现无热桥大厚度的隔热。借助在承载结构上安置绝热平面，可达到较小的墙体厚度以及由此产生的明显应用面积所赢。一个木质板材作为加固的内盖板，同时也作为密封平面。因此，所有板的接头和连接缝都应以粘接带或蒸汽抑制纸板条粘贴住。对湿度不敏感的扩散透气木质软纤维板在保护结构件的同时也建立了不透风平面。腹板之间的空间用填吹纤维素绝热介质不留任何缝隙加以填充。填吹纤维素绝热介质技术最适合于将小尺寸部分和棱角处如支撑架的腹板断面处，全体积地不留任何缝隙地严密填充。

2. 提示

密封层内侧的第二绝热平面防止了密封层被穿透。无论如何，对于内部饰面必须要的子结构件(如石膏厚纸板)对电器安装确定深度尺寸很重要。腹板之间的空间将作为附加绝热平面，可用一个木纤维板、大麻隔热板、亚麻隔热板或纤维素绝热板填充。

3. 评价

木制轻型墙体的建造方式对于高度绝热结构是最适合的。这是因为其可达到非常好的热能保护，但又可以有相对较小的墙体厚度。这种结构容易元件化且方便工业化事先组装，提供了节省花费的潜力以至原始能量投入很少。木制轻型墙体建造方式的缺点是欠缺隔声能力和热存储质量以及不足的密封度。这些缺点可以借助内部实体建筑部件，多层壳的布局以及特别是在设计和施工中对密封平面的仔细安排予以补偿。

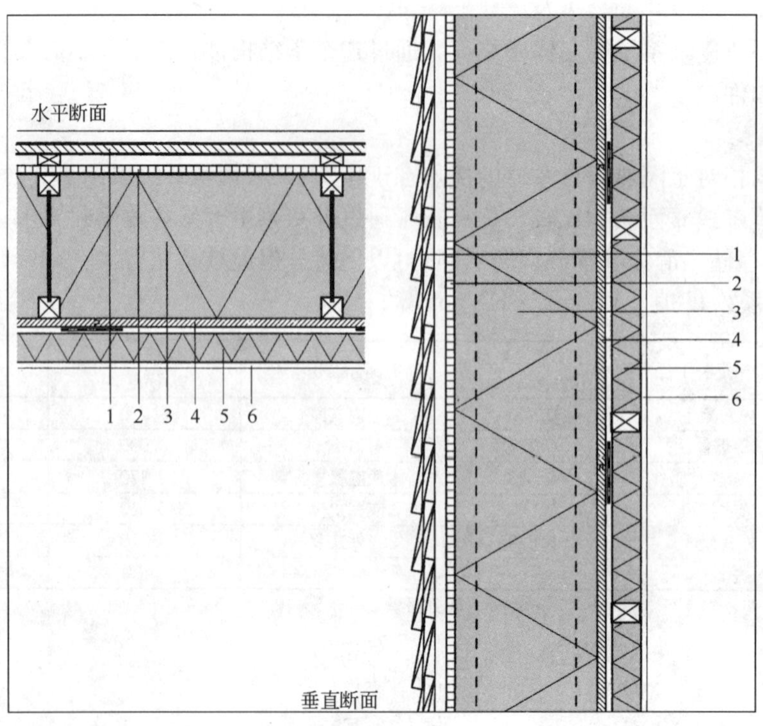

1	后通风前立面外装	
2	防水(如沥青层)木质软纤维板	18mm
3	木质腹板承载器，高 300mm，轴向 625mm；填吹绝热介质(如纤维素绝热介质)	300mm
4	加固木质材料板，缝隙接头密封粘贴	18mm
5	第二绝热平面(安装平面)，板条(水平)60/40mm，绝热(如木质纤维绝热板，纤维素绝热介质板)	60mm
6	石膏厚纸板	12.5mm
	总计厚度(不包括窗幕前立面)	409mm

图 2-4 带有木质腹板支撑架的木制轻型墙体

4. 传热系数 U 值 [W/(m² · K)] 计算

	部分面积 1	热桥损失系数 [W/(m·K)]	部分面积 2	热桥损失系数 [W/(m·K)]	厚度(mm)
1	石膏厚纸板	0.210	石膏厚纸板	0.210	12.5
2	第二绝热平面	0.040	板条	0.130	60
3	木质材料板	0.130	木质材料板	0.130	18
4	填吹绝热介质	0.040	木质腹板支撑架	0.170	300
5	木质软纤维板	0.050	木质软纤维板	0.050	18
6	后通风立面		后通风立面		
	总计				409

(部分面积 2 占 4.5%)

传导热阻 [(m^2·K)/W]：内部0.13、外部0.08
传热系数U值 [W/(m^2·K)]：0.11

2.1.5 带有热分隔木质系统支撑器的木制轻型墙体

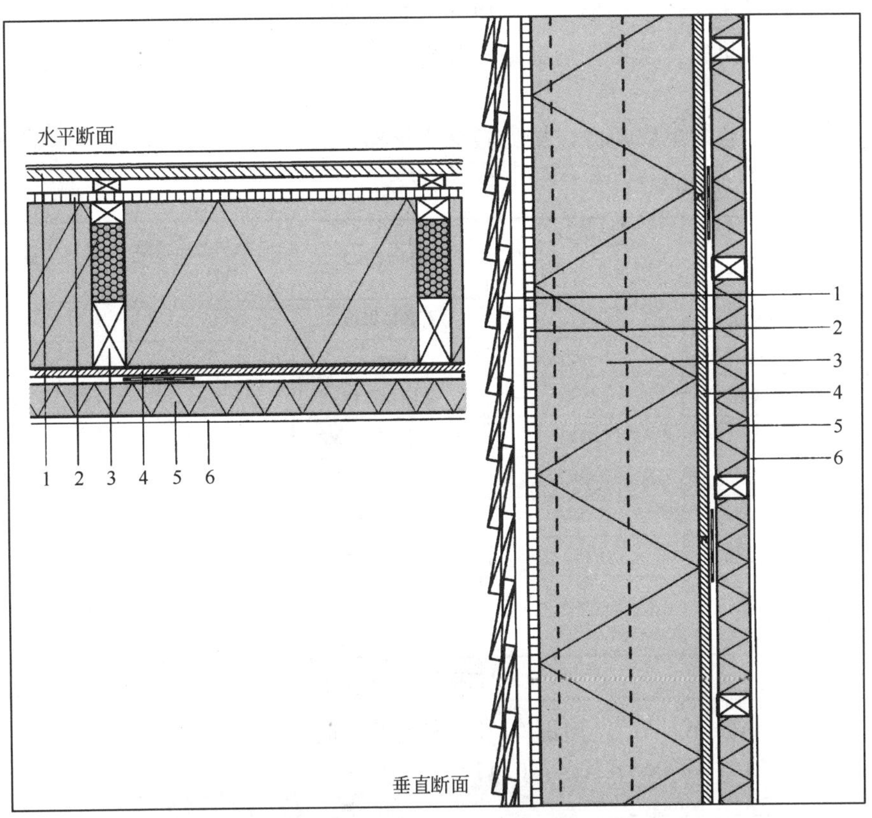

1	后通风前立面外装	
2	防水(如沥青层)木质软纤维板	18mm
3	热分隔木质系统承载器，高300mm，轴向625mm；隔热层(如岩棉)	300mm
4	加固木质材料板，缝隙接头密封粘贴	18mm
5	第二绝热平面(安装平面)，板条(水平)60/40mm，绝热(如木质纤维绝热板，纤维素绝热介质板)	60mm
6	石膏厚纸板	12.5mm
	总计厚度(不包括窗幕前立面)	409mm

图2-5 带有热分隔木质系统支撑器的木制轻型墙体

1. 常规结构

带有热分隔木质系统支撑器的木制轻型墙体最终并没有显示自身的规则结构，而是通过木质支撑构件展现出与在2.1.4中介绍的不同外墙结构。热分隔木质系统支撑器由一个按照静力学需求设计的上条块(通常是整块木结构)，一个热分离部分以及一个与上条块相似的下条块组成。

2. 提示

实体木质承载器通过烘干或扭矩而弯曲至变形，彻底弯曲以至成为随后发展工作的根基。热隔绝木质系统支撑器可将上条块和下条块由经这绝热材料的中间部件接受扭曲运动。系统支撑器的隔热并非始于现场完成的，而是在工厂就已经控制了。由此，加工好的热分隔系统支撑器之间的木构架空档可以非常容易地不留任何缝隙地进行热隔绝。而作为腹板支撑架，其断面应在现场做附加绝热处理。

3. 评价

鉴于这些支撑器的矩形断面，相比腹板支撑器，装入板型绝热材料(如岩棉)更理想。

4. 传热系数U值［W/(m^2·K)］计算

	部分面积 1	热桥损失系数［W/(m·K)］	部分面积 2	热桥损失系数［W/(m·K)］	厚度(mm)
1	石膏厚纸板	0.210	石膏厚纸板	0.210	12.5
2	第二绝热平面	0.040	板条	0.130	60
3	木质材料板	0.130	木质材料板	0.130	18
4	绝热层	0.040	系统支撑架 140/60	0.130	140
5	绝热层	0.040	热分割	0.040	120
6	绝热层	0.040	结构木件	0.130	40
7	木质软纤维板	0.050	木质软纤维板	0.050	18
8	后通风立面		后通风立面		
	总计				409

(部分面积 2 占 10.6%)

传导热阻［(m^2·K)/W］：内部 0.13、外部 0.08

传热系数U值［W/(m^2·K)］：0.11

2.1.6 集约绿化的平屋顶

1. 常规结构

雨水导向排水平台将通过一个分隔纤维网得到保护，以防止因绿化所必需的植物生长土壤基地变得泥泞。沥青层是平屋顶防水常用的，但是它可能对植物根系产生损害。一个根系保护层可排除这种可能的伤害。绿化的平屋顶分量不轻，所以要求一个抗压的隔热层，最佳的情况是一个错位安置的隔热层。为了防止隔热层较热的内表面结露水，预先考虑蒸汽阻挡。钢筋水泥屋顶盖按静力学要求(强度、刚度和整体空间稳定度等)确定几何尺寸。

2. 提示

这个详细的例子表明：对于无源房屋，绿化的平屋顶也是可行的。然而，为达到隔热效果，屋顶高度非常可观；当然，平屋顶亦有不同的做法，比如作为冷屋顶处理，或较少成本的绿化屋顶。重要的是在设计和实施阶段，屋顶隔热处理应注重与周边部件如屋顶边缘的连接，以确保绝热面没有任何中断。

3. 评价

带有集约绿化的平屋顶可长期保护建筑结构不受夏季温度波动的影响而且更进一步保持不结霜。这种结构相对花费较高；其优点是保水，隔声和能改善城区小气候。

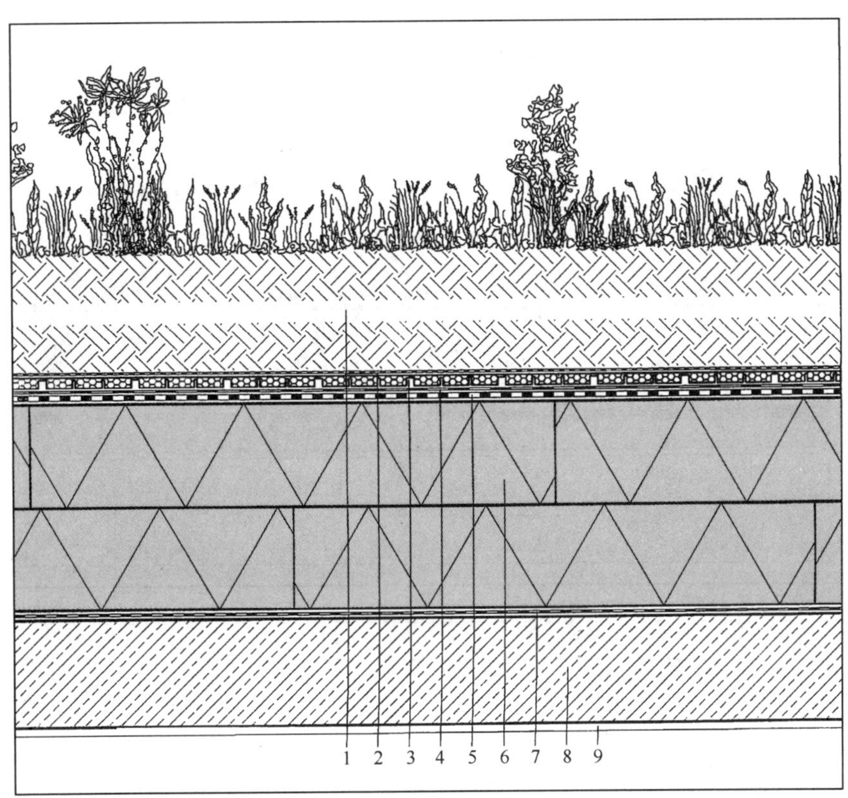

1	具有土壤基的集约绿化屋顶	200mm
2	分隔纤维网	
3	排水平台	20mm
4	根系保护层	10mm
5	沥青屋顶面，3层	10mm
6	错位安置抗压绝热板(如挤塑聚苯乙烯板，聚氨酯板等)	400mm
7	蒸汽压力平衡和蒸汽层隔阻	10mm
8	钢筋水泥屋顶盖板	220mm
9	内抹灰	15mm
	总计厚度	885mm

图 2-6 集约绿化的平屋顶

4. 传热系数U值［W/(m²·K)］计算

	部分面积 1	热桥损失系数［W/(m·K)］	厚度(mm)
1	内灰浆	0.700	15
2	钢筋水泥屋顶盖	2.100	220
3	含铝的沥青层	0.300	10
4	落差式热隔绝层	0.035	400
5	屋顶沥青层	0.170	10
	总计		655

传导热阻［(m²·K)/W］：内部 0.10、外部 0.00

传热系数U值［W /(m²·K)］：0.08

2.1.7 带有椽间、椽上和椽下绝热层的坡屋顶

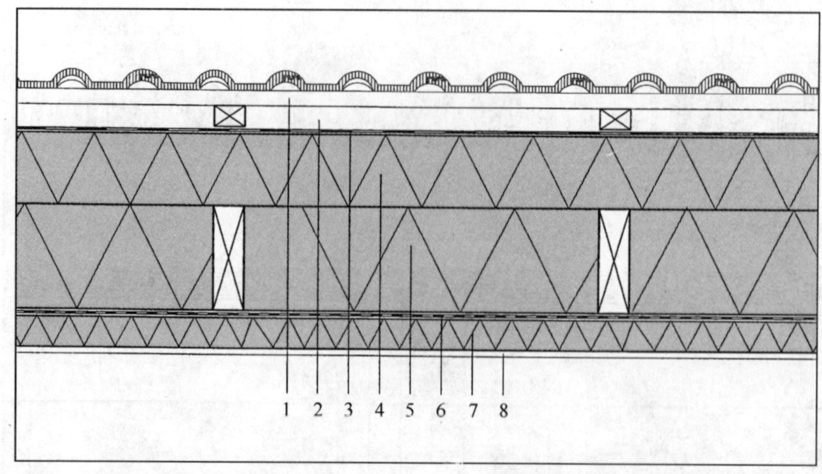

1	屋顶板条上盖瓦 30/50mm	
2	望板 40/60mm	
3	蒸汽渗出开口式泄压道	
4	椽上绝热层	140mm
5	椽 60/200mm，椽间绝热	200mm
6	蒸汽抑制层和密封平面	
7	平衡板条 60/40mm，隔热层	60mm
8	石膏硬纸板	12.5mm
	总计厚度(至泄压道)	412.5mm

图 2-7 带有椽间、椽上和椽下绝热层的坡屋顶

1. 常规结构

椽间绝热层：隔热层厚度 200～240mm，可以由岩棉、麻、亚麻、纤维素或木质软纤维制成的隔热板，隔热软垫或隔热楔形垫木来填充。这里不能采用任何坚硬物料，因为坚硬物料很难精确地不留任何缝隙地和木质结构件相匹配。理想的做法是填吹纤维素绝热介质的絮片。椽的高度由技术上和经济上可实现范围来界定。

椽上绝热层：通过一个第二绝热层全平面地铺在椽上，可以得到一个既有很好的热保护，又没有热桥的结构件。屋顶承重将借助绝热材料可靠地传送到椽平面。经过定型试验的椽上绝热系统可采用不同材料：膨胀聚苯乙烯板、挤塑聚苯乙烯板、聚氨酯板、岩棉板、木质软纤维板。

椽下绝热层：密封层内侧一个绝热层可保护密封层免遭穿透。一个无论如何都需要的内衬子结构件(如石膏纸板、石膏纤维板、黏土制板、木制嵌板)将对电器安装深度确定尺寸很重要。其之间的空间将用一个木纤维、大麻、亚麻或纤维素绝热板填充。蒸汽阻挡抑制层同时也是密封平面，它们被合理地安置在椽子下面。涉及潮湿技术方面，S_d 值小于 2m 的产品通常用在蒸汽渗透开口槽上是足够的。

2. 提示

为预防露水滴落可能对建筑物造成损害并增加热损失，密封平面必须仔细地构造(关

键规则：由于露水危险，椽下绝热的热穿透阻力最大为总体绝热的热穿透阻力的 20%）。

3. 评价

通过采用椽上绝热和椽下绝热，构建了一个无热桥的结构。高而瘦的椽结构件使得轴向尺寸变大，因之，绝热层的厚度得以增加。由于此为多层次建构，花费相对较大。

4. 传热系数 U 值 [W/(m^2 · K)] 计算

	部分面积 1	热桥损失系数 [W/(m · K)]	部分面积 2	热桥损失系数 [W/(m · K)]	厚度(mm)
1	石膏厚纸板	0.210	石膏厚纸板	0.210	12.5
2	第二绝热平面	0.040	板条 40/60mm	0.130	60
3	椽间绝热层	0.040	椽 60/200mm	0.130	200
4	椽上绝热层	0.035	椽上绝热层	0.035	140
	总计				412.5

(部分面积 2 占 8.7%)

传导热阻 [(m^2 · K)/W]：内部 0.10、外部 0.08

传热系数 U 值 [W/(m^2 · K)]：0.10

2.1.8 带有木质腹板支撑架的坡屋顶

1. 常规结构

高达 50cm 的木质腹板支撑架在市场上可以得到供应。支撑架坚挺耐用，几何尺寸稳定，具有较大的承载能力同时自重小。木质材料板（刨花板或胶合板）作为支撑加固用内置厚板。一个对湿度不敏感的扩散渗透性的木质软纤维板成为一个防雨且防风的下覆盖板。

椽间绝热层：腹板支撑架之间的空间应当无空档、无缝隙、结实可靠地（比如用填吹纤维素绝热介质絮片）填实。填吹技术最适合于将小尺寸部分和棱角处如支撑架的腹板断面处，全体积不留任何缝隙地严密填充。纤维素绝热介质絮片使支撑架横断面可以很容易地被填满。因为高的比热容，可达致夏天防热。

椽下绝热层：密封层内侧的一个第二绝热层可保护密封层免遭穿透。一个无论如何需要的内衬子结构件（如石膏纸板、石膏纤维板、黏土制板、木制嵌板）对电器安装深度确定尺寸很重要。之间的空间将作为附加绝热平面用一个木纤维板、大麻隔热板、亚麻隔热板或者纤维素绝热板填充。

2. 提示

支撑加固用内置厚板同时亦是绝热平面。因之，所有板的接头，连接缝都应当用黏结带或蒸汽抑制贴条仔细地粘接起来。

3. 评价

通过采用木质腹板支撑架，可以仅用一层就达到花费节省地实现高度绝热。借助承载器绝热层遮盖以及单薄的腹板，这一构件实际上无热桥。

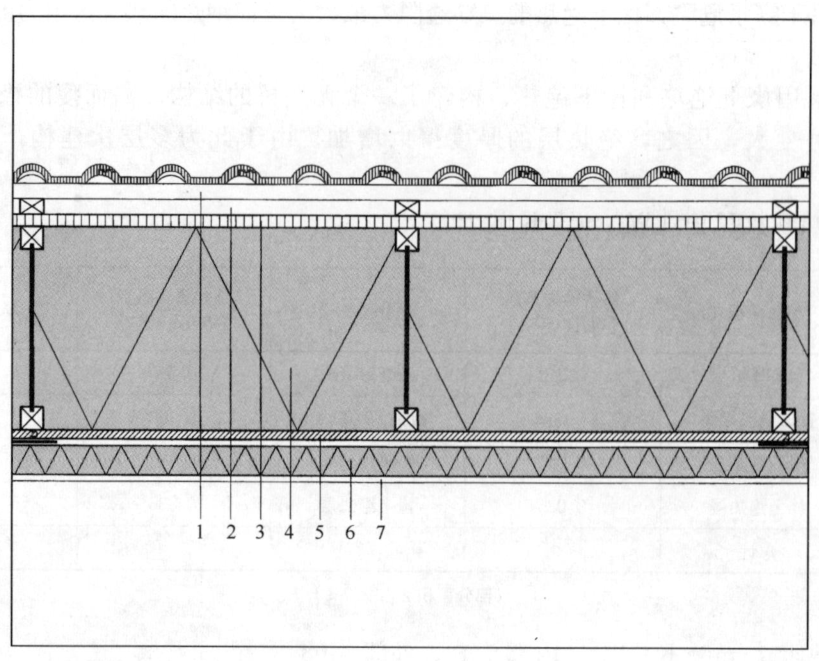

1	屋顶板条上盖瓦 30/50mm	
2	望板 30/50mm	
3	防水(如沥青)木质软纤维板	24mm
4	木腹板承载器，填吹绝热介质	400mm
5	木质材料板，缝隙接头密封粘接	18mm
6	板条 60/40mm，绝热层(如木纤维板)	60mm
7	石膏硬纸板	12.5mm
	总计厚度	515mm

图 2-8 带有木质腹板支撑架的坡屋顶

4. 传热系数 U 值 [W/(m²·K)] 计算

	部分面积 1	热桥损失系数 [W/(m·K)]	部分面积 2	热桥损失系数 [W/(m·K)]	厚度(mm)
1	石膏厚纸板	0.210	石膏厚纸板	0.210	12.5
2	第二绝热平面	0.040	板条	0.130	60
3	木质材料板	0.130	木质材料板	0.130	18
4	填吹绝热介质	0.040	木质腹板支撑架	0.170	400
5	木质软纤维板	0.050	木质软纤维板	0.050	24
	总计				515

(部分面积 2 占 4.5%)

传导热阻 [(m²·K)/W]：内部 0.10、外部 0.08

传热系数 U 值 [W /(m²·K)]：0.09

2.1.9 带有热隔绝木质系统支撑器的坡屋顶

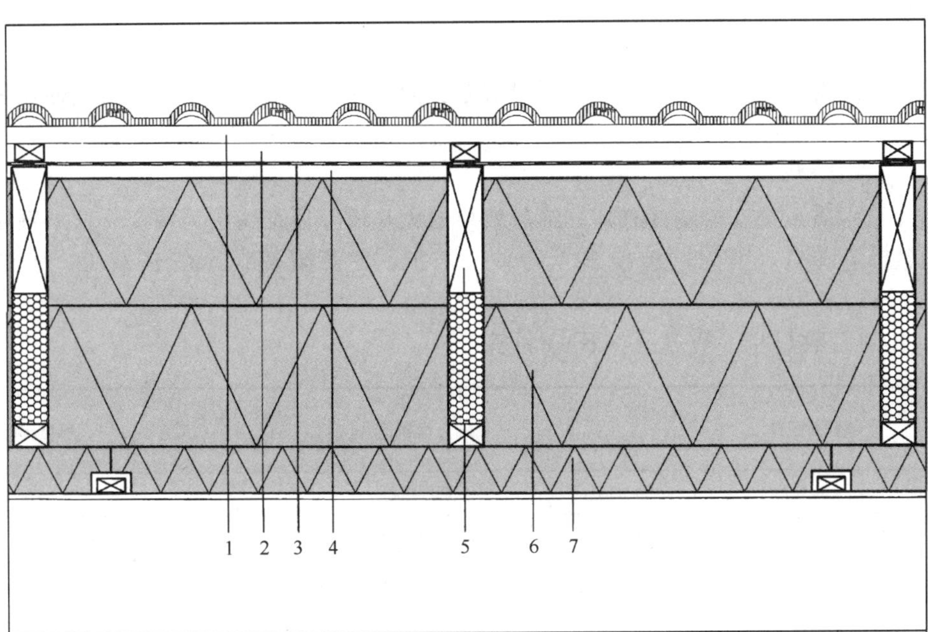

1	屋顶板条上盖瓦 30/50mm	
2	望板 30/50mm	
3	蒸汽渗出开口泄压通道	
4	空气层	20mm
5	热分隔木质系统承载器，高 480mm，KVH60/220mm，热分隔 60/220mm，结构木件 60/40mm	480mm
6	椽间绝热层	
7	石膏硬纸板、连接板带有 80mm 厚绝热层	90mm
	总计厚度(至泄压通道)	590mm

图 2-9　带有热隔绝木质系统支撑器的坡屋顶

1. 常规结构

系统支撑器可达任意高度。这个预加工的支撑器由承载木椽(通常是整块木结构)，为今后内部装挂用的承载板条以及一个放置其间的绝热层组成。木椽和下面结构木件通过硬木销或叶纤维制侧面连接板相连接，并在其间区域工作面一侧加以隔热；因之，和通常木椽相比较，热桥作用明显减少。另外，复杂并难以完成的密封平面与檩条以及开槽方木的连接得以取消。承重的檩条放置在绝热平面内无热桥并且得到热保护。这个系统没有采用建筑常常使用的蒸汽隔阻箔片和粘接带即已经足够：通过仔细地且可以保持永久密实连接，石膏厚纸连接板造就了扩散开放结构的密封平面。这种石膏厚纸连接板是在平板接头处密实吻合并连接到屋顶板条，不再需要任何子结构件。

椽间绝热层：绝热层厚度 300～480mm。

椽下绝热层：通过一个在支撑器下面的第二绝热平面，这一结构能使总体绝热厚度更大，实现无热桥。

2. 提示

优点：具有整体连接的密封平面并没有藏在内装裱的后面，而是随时可供使用并且容易修改。

3. 评价

热隔绝木质系统支撑使具有超凡绝热效果的无热桥屋顶结构成为现实。这个系统不仅高效而且节省花费，因为这涉及多个行业：木工、熟悉隔热技术的建筑工、子结构件制造。

4. 传热系数 U 值 [W/(m^2·K)] 计算

	部分面积 1	热桥损失系数 [W/(m·K)]	部分面积 2	热桥损失系数 [W/(m·K)]	厚度(mm)
1	石膏厚纸板	0.210	石膏厚纸板	0.210	10
2	第二绝热平面	0.040	第二绝热平面	0.040	80
3	绝热层	0.040	结构木 60/40mm	0.130	40
4	绝热层	0.040	热分隔	0.040	220
5	绝热层	0.040	系统承载器 60/220mm	0.130	220
	总计				570

(部分面积 2 占 8.7%)

传导热阻 [(m^2·K)/W]：内部 0.10、外部 0.08

传热系数 U 值 [W/(m^2·K)]：0.08

2.1.10 带有安置在实体屋顶元件上木质腹板支撑架的坡屋顶

1. 常规结构

安置在山墙外墙和承重内墙上的实体屋顶盖由 15cm 厚微孔水泥板组成，水泥板接头处经水泥加固处理。通体内面抹灰构成密封平面。木质腹板支撑架高度可达 50cm。使用此种支撑架坚挺可靠，几何尺寸稳定，具有巨大的承载能力同时自重小。采用腹板支撑架可实现大厚度隔热，节省木材并且几乎无热桥。支撑架直立在实体屋顶盖上且用加强筋固定。一个对湿度不敏感且具扩散通气性的木质软纤维板建造了一个防雨防风的下覆盖板。腹板支撑架之间的空间应当无空档无缝隙结实可靠地用比如填吹纤维素绝热介质絮片来填实。

2. 提示

填吹技术最适合于将小尺寸部分和棱角处如支撑架的腹板断面处，全体积地不留任何缝隙地严密填充。纤维素绝热介质的絮片对支撑架的横断面自动地合体相称。因为高的比热容，可达致夏天隔热。

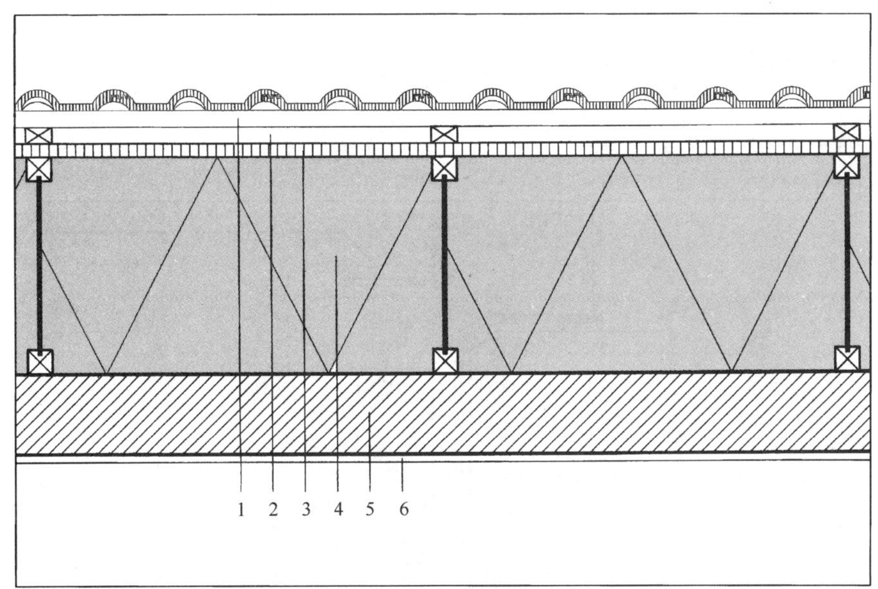

1	屋顶板条上盖瓦 30/50mm	
2	望板 30/50mm	
3	防水(如沥青)木质软纤维板	24mm
4	木腹板承载器，高 400mm，填吹绝热介质(如纤维素絮片)	400mm
5	实体顶盖，微孔水泥	150mm
6	内抹灰	15mm
	总计厚度(至包括木质软纤维板)	589mm

图 2-10　带有安置在实体屋顶元件上木质腹板支撑架的坡屋顶

3. 评价

通过采用木质腹板支撑架可仅一层就达到花费节省地实现大厚度绝热。借助支撑架的绝热覆盖以及单薄的腹板，这一构件实际上无热桥。实体屋顶盖的优点在于：阻隔声音的效果好，作内部热存储质量好用，可以简单地通过湿抹灰建立密封平面。

4. 传热系数 U 值 [W/(m^2·K)] 计算

	部分面积 1	热桥损失系数 [W/(m·K)]	部分面积 2	热桥损失系数 [W/(m·K)]	厚度(mm)
1	内灰浆	0.700	内灰浆	0.700	15
2	加气水泥屋顶盖板	0.130	钢筋灰浆附件	2.100	150
3	填吹绝热介质	0.040	木质腹板支撑架	0.170	400
4	木质软纤维板	0.050	木质软纤维板	0.050	24
	总计				589

(部分面积 2 占 3.5%)

传导热阻 [(m^2·K)/W]：内部 0.10、外部 0.08

传热系数 U 值 [W/(m^2·K)]：0.094

2.2 细节与连接

2.2.1 带有隔热复合系统的实体墙-窗户的连接(垂直)

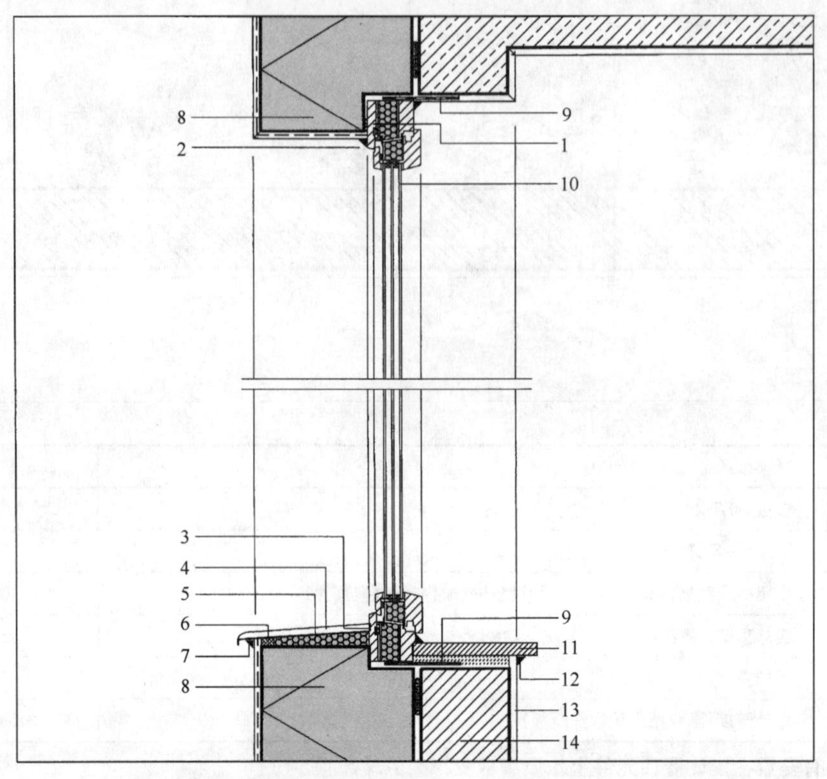

图 2-11 带有隔热连接系统的实体墙-窗户的连接(垂直)

1—遮挡框，遮阳；2—防风密实墙连接外部：带有接合缝密封带的抹灰连接边条；3—双面粘贴聚氯丁橡胶带；4—外窗台；5—窗台边填充绝热或使之严丝合缝的工质；6—可压缩胶带；7—可长期负荷的密封封接；8—热量隔绝复合系统，粘接；9—在光滑区域四面环围地做内部密封连接——窗户-密封带；10—无源房屋适合的三层热保护玻璃以及带有绝热内核的热隔离窗框；11—窗户内窗台；12—可长期负荷的密封封接；13—内抹灰层 15mm；14—墙体 175mm

1. 无热桥结构：

墙体：墙体热量隔绝层由大约 300mm 厚隔热板组成，通常是岩棉或聚苯乙烯板，用加固基面填料刮平和外抹灰。为了避免后通风，这些隔热板不仅仅是在几个点粘结而是依环绕四周或全平面粘接的方式和实体外墙相连接。系统供应商对订购的元件提供担保。

窗户：窗户是外围护结构最薄弱的一环。无源房屋对窗户提出很高的要求。适合无源房屋的窗户一般由带有绝热内核的热隔离窗框［窗框的 U 值是 0.75～0.80W/(m^2·K)］和三层隔热玻璃［U 值是 0.6～0.8W/(m^2·K)；光穿透率 g 值为 42%～60%］组成。作为装玻璃窗最薄弱之处，玻璃片边缘的连接将通过热分隔距离保持器来完成而且被深嵌入隔热窗框盖住。一般来说，市场上有多种合适的系统可供选择。为得到一个划算的热隔绝过程，窗户应尽可能地安放在绝热平面上。因之，这种装配借助于特殊的安装托架或四周全木安装框在墙前面形成外部连接。

连接：绝热层在窗户缝处中断，因之，让窗户缝置于遮挡框的范围之内，并且尽可能地被包盖遮挡住，以期减小热桥作用。

2. 挡风密实：

墙体：墙体的挡风密实是通过外墙加固抹灰实现的。在易穿透点如电缆穿过开口和墙体连接处强化持久挡风密封。

窗户：环绕的唇式密封三层确保挡风密实。外窗台应用一种弹性的抗老化的密封带(双面粘贴聚氯丁橡胶带)在窗框上旋入。

连接：绝热层复合系统在遮挡框处的防风密实连接是通过一个特殊断面用密封带来达到的：在遮挡框处，密封带被旋入或被粘贴上。在这特殊的连接镶边处，接上强化编织条带——在基本涂层上用抹刀往里填充，使热量隔绝复合系统的自由边缘得以可靠防风密实连接。

2.2.2 带有隔热复合系统的实体墙-窗户的连接(水平)

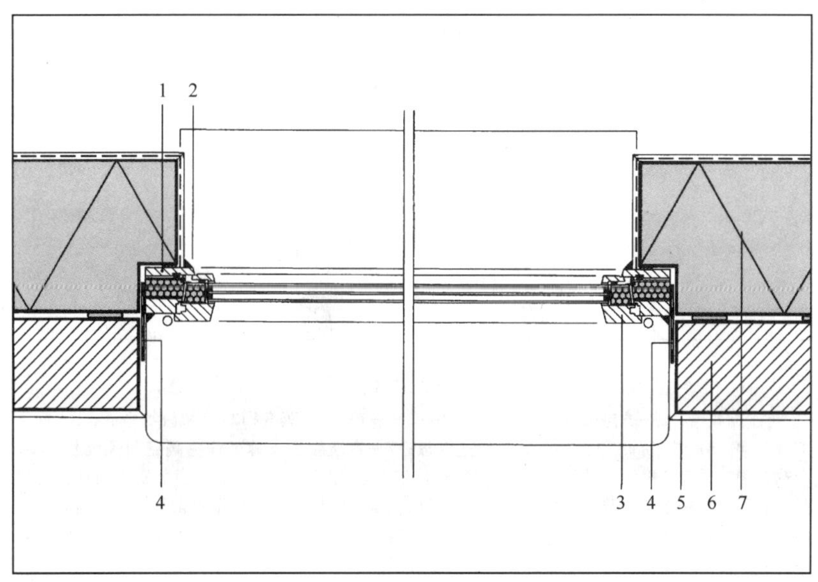

图 2-12 带有隔热复合系统的实体墙-窗户的连接(水平)

1—遮挡框的热遮盖；2—防风密实墙体连接外部：带有合缝密封带的抹灰连接边条；3—无源房屋适合的三层隔热玻璃以及带有绝热内核的热隔离窗框；4—窗户-密封带在光滑区域四面环围地做内部密封连接；5—内抹灰层 15mm；6—墙体 175mm；7—热量隔绝复合系统，粘接

密封：

墙体：墙体如果有灰浆破损，穿透裂缝，孔洞和其他疏漏，密封则无从谈起。墙体的密封性是通过墙体内侧的湿抹灰来实现的。一旦这一密封平面遭戳捅破坏(比如为装插座、开关座、分电盘座而开洞)密封平面必须通过附加强化措施(如用石膏填满)重建。原则上讲，上至清水屋顶下至清水地板全部要彻底抹灰。

窗户：三层环绕的唇式密封条确保密封。

连接：一个通常在工厂那边已经在遮挡窗框上放置的自粘贴密封带(丁基橡胶，或者铝/人造材料)将环四周地在拱腹处内部粘贴。为保证可靠密封粘贴，灰浆破损、穿透裂缝以及不平之处事先用一个抹平刷(即抹子)找平。加固连接板和角落处必须仔细地覆盖粘贴牢固。窗户拱腹处的灰浆可保护密封连接，应该先借助压力测试进行质量控制。

2.2.3 带有木质腹板支撑架的木制轻型墙体-窗户的连接(垂直)

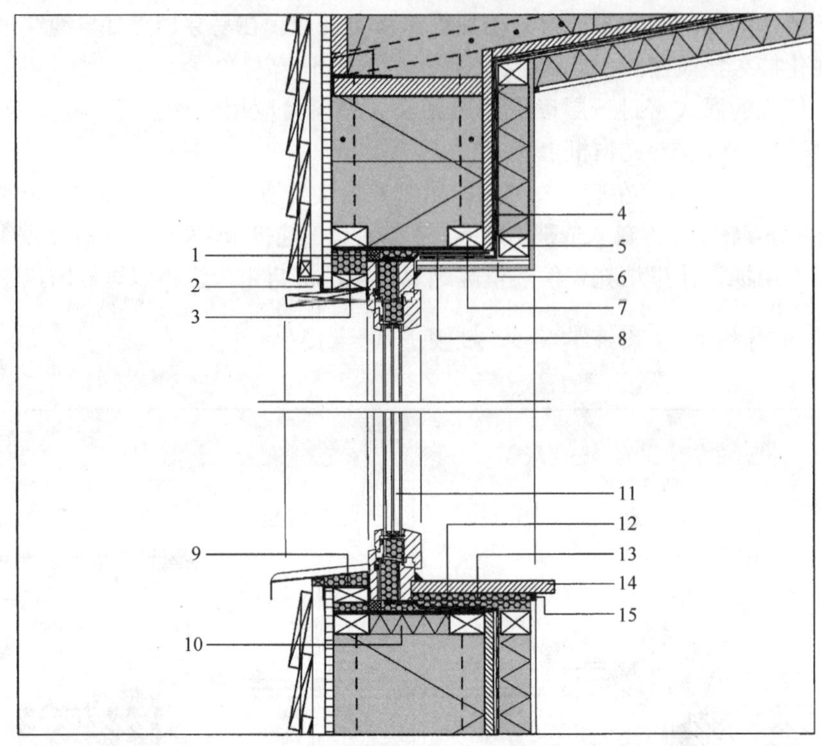

图 2-13 带有木质腹板支撑架的木制轻型墙体-窗户的连接(垂直)

1—可压缩胶带；2—防昆虫网；3—泡沫隔热/填充隔热；4—蒸汽抑制层和密封平面；5—板条 60/40mm；6—带 15mm 厚绝热层的石膏连接板；7—木质腹板支撑架作为隔绝封闭元件；8—自粘贴密封带环四周地粘贴作为内部密封连接；9—填充隔热；10—木质腹板支撑架作为隔绝封闭元件；11—无源房屋适合的三层隔热玻璃以及带有绝热内核的热隔离窗框；12—自粘贴的密封箔片填塞连接角落；用密封带交搭窗户；环四周地粘贴作为内部密封连接；13—抗压绝热板；14—窗户内窗台；15—可长期负担的密封/连接

如下叙述适合图 2-13 和图 2-14：

1. 无热桥结构：

墙体：采用木质腹板支撑架可实现几乎无热桥的更厚隔热层，同时节省木材。隔热平面安置在承载结构上。木质材料板作为支撑加固用内置厚板。一种对湿度不敏感的扩散透气木质软纤维板保护这结构件，同时还建立了木撑块的附加隔热。梁腹板之间的空间用填吹纤维素绝热介质不留任何缝隙地予以严密填充。填吹纤维素绝热介质技术最适合于将小尺寸部分和棱角处如支撑架的腹板断面处，全体积地不留任何缝隙地补足。安装平面同时也作为附加绝热平面。

窗户：窗户是外围护结构保温最薄弱的一环。无源房屋对窗户提出很高的要求。适合无源房屋的窗户一般由带有绝热内核的热隔离窗框［窗框的 U 值是 0.75～0.80W/(m^2·K)］和三层隔热玻璃［U 值是 0.6～0.8W/(m^2·K)；光穿透率 g 值为 42%～60%］组成。作为装玻璃窗最薄弱之处，玻璃片边缘的连接将通过热分隔距离保持器来完成而且被深嵌入隔热窗框盖住。为得到一个性价比高的隔热过程，窗户应尽可能地安放在绝热平面上。

连接：隔热层在窗户缝处中断。木质软纤维板在窗户缝处开领口并通过一个三面环绕的木制窗框所握住，这窗框同时充当固定拱腹木来用。形成的空间应当全部地隔热填实。遮挡框也应当尽可能地封闭保温，减少热桥影响。窗台下面的空隙应全部地用隔热材料予以填实。

2. 挡风密实：

墙体：一个对湿度不敏感的扩散透气木质软纤维板保护着隔热层，并形成挡风密实平面。

窗户：三层环绕的唇式密封确保挡风密实。外窗台应用一种弹性的抗老化密封带(双面粘贴聚氯丁橡胶带)在窗框上旋入。

连接：在遮挡框，窗框木，软纤维板之间的连接缝隙应用粘接带密封。

2.2.4 带有木质腹板支撑架的木制轻型墙体-窗户的连接(水平)

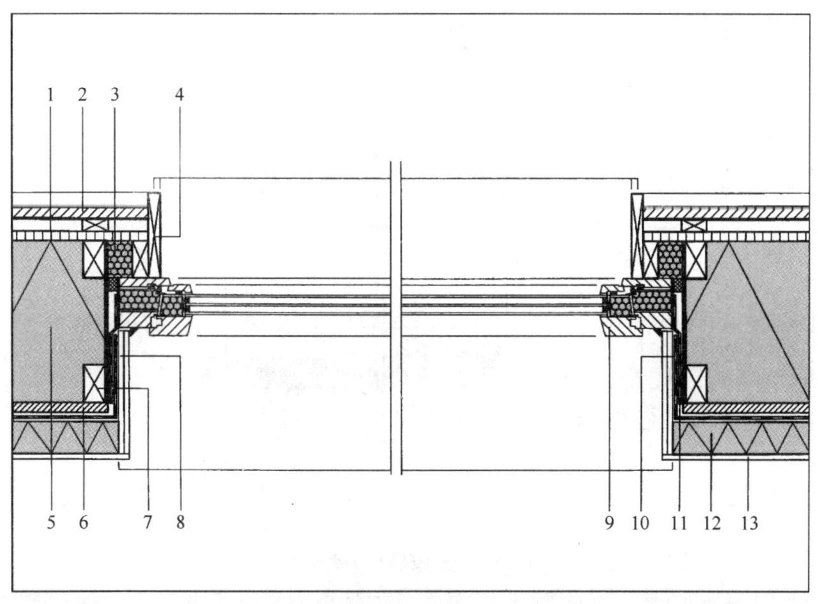

图 2-14 带有木质腹板支撑架的木制轻型墙体-窗户的连接(水平)

1—防水木质软纤维板 18mm；2—后通风前立面外装；3—窗框侧面重叠交搭用填塞绝热；4—木制窗框四周环绕；5—带有填吹绝热材料的木质腹板支撑架；6—加固木质材料板，18mm，裂纹接缝处密封粘贴；7—木质腹板支撑架作为隔热元件；8—带 15mm 厚绝热层的石膏连接板；9—无源房屋适合的三层热保护玻璃以及带有绝热内核的热隔离窗框；10—自粘贴的密封箔片，四面环绕地粘贴作为内部密封连接；11—自粘贴的密封箔片用以填塞连接角落；用密封带交搭窗户；四面环绕地粘贴作为内部密封连接；12—第二绝热平面，60mm；13—石膏板

密封：

墙体：加固的内盖板同时也建立密封平面。因此，所有板的接头和连接缝隙都应仔细地以粘接带或蒸汽抑制纸板条粘贴住。密封层内侧的第二绝热平面防止了密封层被

穿透。无论如何必需的内部饰面子结构件(如石膏厚纸板)为在前面安装电器留有足够大的空间。

窗户：三层环绕唇式填充，确保密封。

连接：一个通常在工厂那边已经在遮挡窗框上放置的自粘贴密封带(丁基橡胶，或者，铝/人造材料)被四面环绕地在内部拱腹粘贴。为保证可靠密封粘贴，连接角落的密封箔片用密封带重叠交搭。这重叠搭接部分借助石膏硬质连接板在机械上予以保证。隔热板的放置应该先借助压力测试进行质量控制。

2.2.5 带有隔热复合系统的实体墙-坡屋顶/屋檐的连接

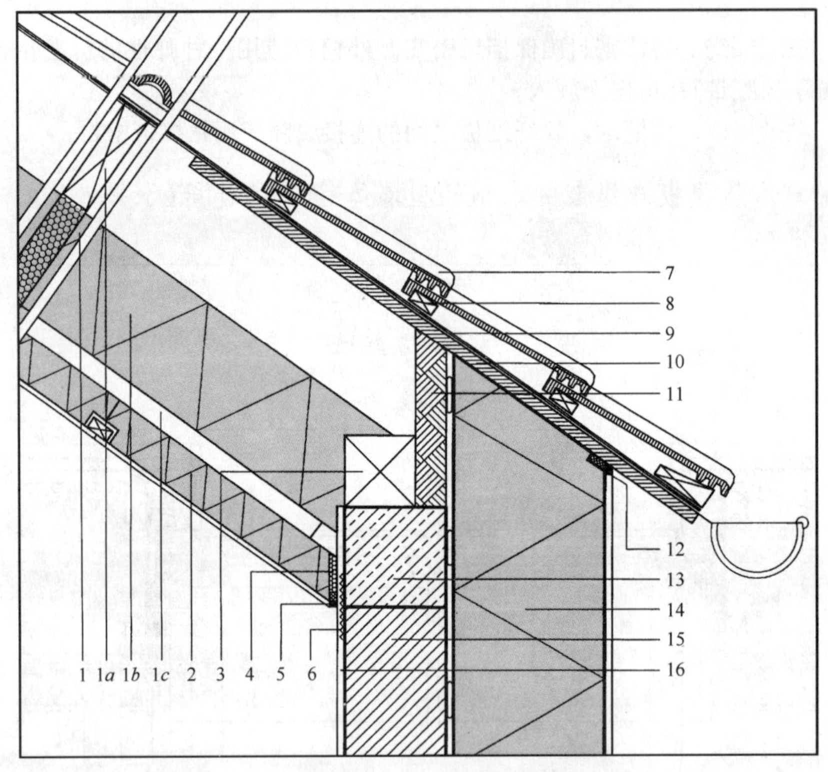

图 2-15 带有隔热复合系统的实体墙-坡屋顶/屋檐的连接

1—带有 460mm 厚椽间隔热层的热隔离承载器；1*a*—椽子，如 60/220mm；1*b*—隔热层；1*c*—结构木件，40/60mm；2—带 15mm 厚绝热层的石膏连接板；3—下端檩条；4—聚氨酯-隅角泡沫；5—可长期承担密封的抗压带；6—加固织物；7—板条上架瓦上顶，30/50mm；8—望板，30/50mm；9—蒸汽渗出开口泄压道；10—木质材料板，25mm；11—实体承载板，60mm；12—可长期负担密封的抗压带；13—圈梁，钢筋水泥；14—热量隔绝复合系统 300mm，粘贴；15—墙体，175mm；16—内抹灰

1. 无热桥结构：

墙体：墙体的热量隔绝层由大约 300mm 厚隔热板组成，通常是岩棉-隔热板或聚苯乙烯-隔热板；带有强化了的基面抹平和外抹灰。见 2.1.1。

屋顶：一个带有热隔离的特别的系统承载器为这个扩散透气开放系统提供了静力学承载基础。通过在支撑器下面安置一个第二绝热平面，这一结构件几乎无热桥。

见 2.1.9。

连接：外墙绝热层上边接近檐口，直至承载器的上缘。因之，没有热桥生成。

2. 挡风密实：

墙体：墙的挡风密实是由强化外抹灰保证的。透风点如光路和电气线路的连接开口穿透处，应当建构挡风密封。

屋顶：屋顶的挡风密实是通过蒸汽开口泄压道实现的。它保护屋顶结构件，防止风、灰尘、雪和露水入袭。

连接：在墙体隔热层和屋檐镶板之间，有一个连接缝，应按照生产商的说明书用缝隙密封带封严。

3. 密封：

墙体：墙体如果有灰浆破损、穿透裂缝、孔洞和其他疏漏，密封则无从谈起。墙体密封是通过内面墙体的湿抹灰来实现的。一旦这一密封平面遭到破坏(比如为装插座、开关座、分电盘而开洞)，密封平面必须通过附加强化措施(如用石膏填满)重建。原则上讲，上至清水屋顶下至清水地板全部要彻底抹灰。

屋顶：这里石膏连接板及其周围密封墙连接形成了透气开放屋顶建构的密封平面，同时也兼具隔阻蒸汽的功能。

连接：为了使屋顶隔热层和外墙的内抹灰达致一个密封的连接，内抹灰应直达上边缘圈梁处。从圈梁到墙体的过渡，启用一片固化编织物可防止内抹灰层产生裂缝。在承载结构件下面安置的石膏连接板将借助聚氨酯-泡沫和内抹灰相连。可长期承担密封的抗压带用以与外墙之密封连接。总体的连接清晰可见并且能在任何时间进行修正。因为在绝热平面以内无热桥，所以不必担忧和檩子及屋顶构件的其他部分之密封连接花费相对较高。

2.2.6 带有隔热复合系统的实体墙-坡屋顶/山墙的连接

1. 无热桥结构：

墙体：墙体的热量隔绝由厚约 300mm 的隔热板组成，通常采用岩棉-隔热板或聚苯乙烯-隔热板并带有强化基面抹平和外抹灰。详见 2.1.1。

屋顶：一个带有热隔离的特别的系统承载器为这个扩散透气开放系统构造了静力学承载基础。通过安置一个在支撑器下面的第二绝热平面，这一结构几乎无热桥。详见 2.1.9。

连接：外墙绝热层遮搭檩和盲椽；接近山墙并直达突伸的木质材料板边缘得以紧密连接。墙体顶端在椽的下端结束，并以椽的高度重叠交搭。这一结构几乎无热桥。

2. 挡风密实：

墙体：墙的挡风密实是由强化外抹灰保证的。透风点如电线引入引出和彼此连接处，应形成完善耐久的挡风密封。

屋顶：屋顶的挡风密实是通过扩散开口泄压道实现的。它保护屋顶结构件以防止风、灰尘、飞雪和露水入袭。泄压道应当重叠交搭地铺设并覆盖突伸的山墙镶板。

连接：在绝热层和局部通道镶板之间有一个连接缝，它应被缝隙密封带封严。

3. 密封：

墙体：墙体如果有灰砂浆破损、穿透、裂缝、孔洞和其他疏漏，密封则无从谈起。墙体的密封性是通过墙体内表面湿抹灰实现的。一旦这一密封平面遭破坏(比如为装插座、

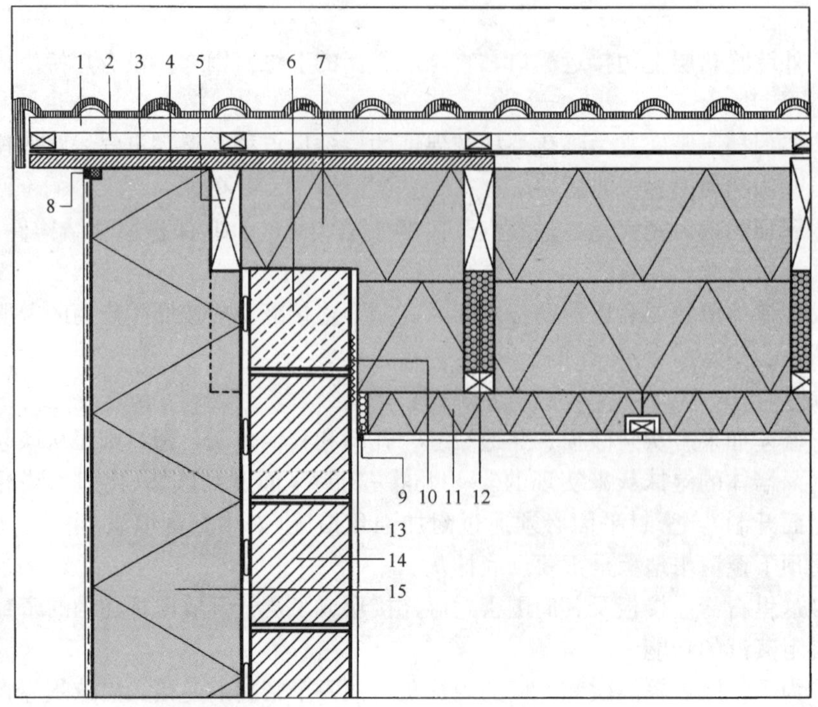

图 2-16 带有隔热复合系统的实体墙-坡屋顶/山墙的连接

1—板条上架瓦上顶，30/50mm；2—望板，30/50mm；3—蒸汽渗出开口泄压道；4—木质材料板，25mm；5—盲椽，60/195mm；6—圈梁，钢筋水泥，（这里：200/200mm）；7—椽间绝热，2×220mm；8—可长期承负密封的抗压带；9—聚氨酯泡沫，具可长期承负密封；10—固化织物；11—带有 80mm 厚隔热层的第二绝热平面石膏连接板；12—承载器，热隔离；13—内抹灰，15mm；14—墙体，200mm；15—热隔绝复合系统，粘贴

开关座、分电盘而开洞）密封平面必须通过附加强化措施（如用石膏填满）重建。原则上讲，上至清水屋顶下至清水地板全部要彻底抹灰。

屋顶：这里石膏连接板及其周围密封墙连接建立了渗透开放的屋顶建构的密封平面，同时也承担隔阻蒸汽的功能。

连接：为了使屋顶隔热层和外墙的内抹灰达致一个密封连接，内抹灰应直达上边缘圈梁处。从圈梁到墙体的过渡，采用一片固化编织物以防止内抹灰层产生裂缝。在承载结构件下面安置的石膏连接板将借助聚氨酯泡沫和内抹灰相连。可长期承担密封功能的抗压带用以与外墙密封连接。总体的连接清晰可见并且能在任何时间进行修正。因为在绝热平面以内无热桥，无须忧虑和檩子及屋顶构件的其他部分之密封连接花费相对较高。

2.2.7 带有隔热复合系统的实体墙-供暖地下室/地板上绝热

1. 无热桥结构：

墙体：与地层接触的建筑部件按照德国国标 DIN 18195 应作密封。为确保水导流，墙体和地板之间的过渡区域安置有空心沟槽。垂直防潮密封与水平密封层可靠结合直到地板。墙的热量隔绝由大约 300mm 厚耐压且对湿度不敏感的周边隔热板组成。这些隔热板用沥青胶粘贴到外墙上。在接近空心沟槽区域，隔热板应仔细加工。这隔热层应有 160mm 导入地板之下。

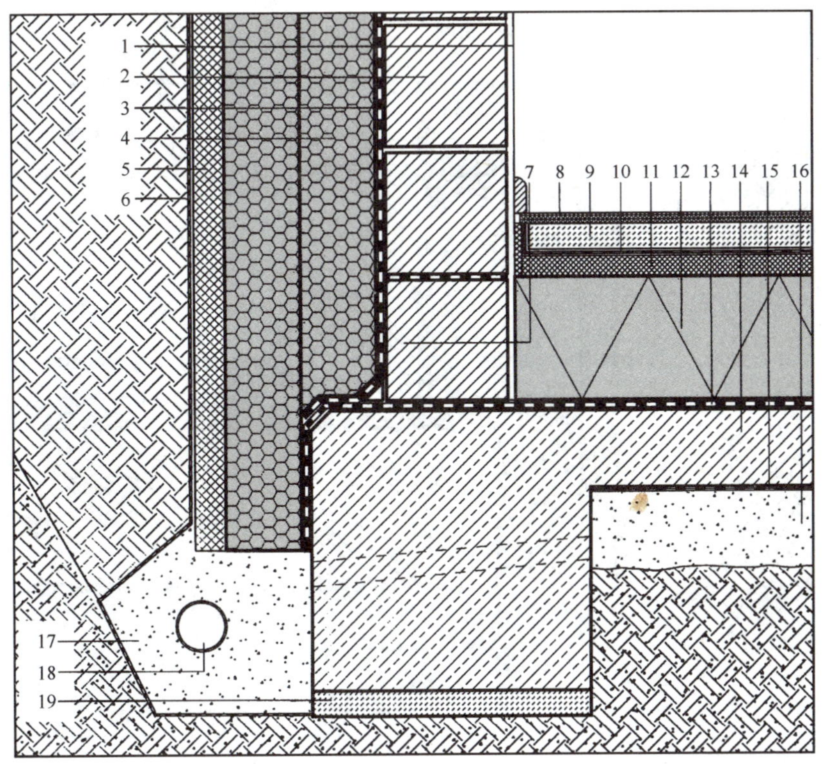

图 2-17 带有隔热复合系统的实体墙-供暖地下室/地板上绝热

1—内抹灰，15mm；2—墙体，240mm；3—沥青厚铺层即防潮密封层(按照 DIN 18195 相应负荷)；4—周边隔热，2×150mm；5—导流板，60mm；6—过滤分隔纤维网；7—热隔绝垂足点；8—地板表层铺面；9—水泥地面，50mm；10—聚乙烯-箔片；11—脚步声衰减层，40mm；12—耐压绝热层，240mm；13—防潮密封层(按照 DIN 18195 相应负荷)；14—钢筋水泥底板，160mm；15—聚乙烯-箔片，两层；16—砂砾层；17—粗砂砾包缠下水管(无毛细管作用)；18—下水管道；19—清洁层，50mm

地板：地板上铺有耐压防变形的隔热板(聚苯乙烯 20 板、挤塑聚苯乙烯板、聚氨酯板、木质软纤维板或经干燥处理后的下脚料制成品)。在底板上安置隔热层应注意小心地进行蒸汽抑制。聚乙烯-箔片可耐久地贴在灰浆层固定或用一个可压缩带压在基柱边缘上。

连接：隔热层在开裂的墙体处中断。为减少垂直热桥，在整个墙(仍在墙体构件内)的垂足点(墙的最低基点，以后在这一高度引入低导热系数的材料如泡沫水泥)作一热隔离。

2. 挡风密实：涉及地下的建筑部件没有此问题。

3. 密封：

墙体：墙体如果有灰浆破损、穿透裂缝、孔洞和其他疏漏，密封则无从谈起。墙体的密封是通过墙体内表面湿抹灰实现的。一旦这一密封平面遭破坏(比如为装插座、开关座、分电盘而开洞)，密封平面必须通过附加强化措施(如用石膏填满)重建。原则上讲，上至清水屋顶下至清水地板全部要彻底抹灰。

地板：水泥有足够密封。

连接：原则上讲，上至清水屋顶下至清水地板，墙全部要彻底抹灰。

2.2.8 带有隔热复合系统的实体墙-供暖地下室/地板下绝热

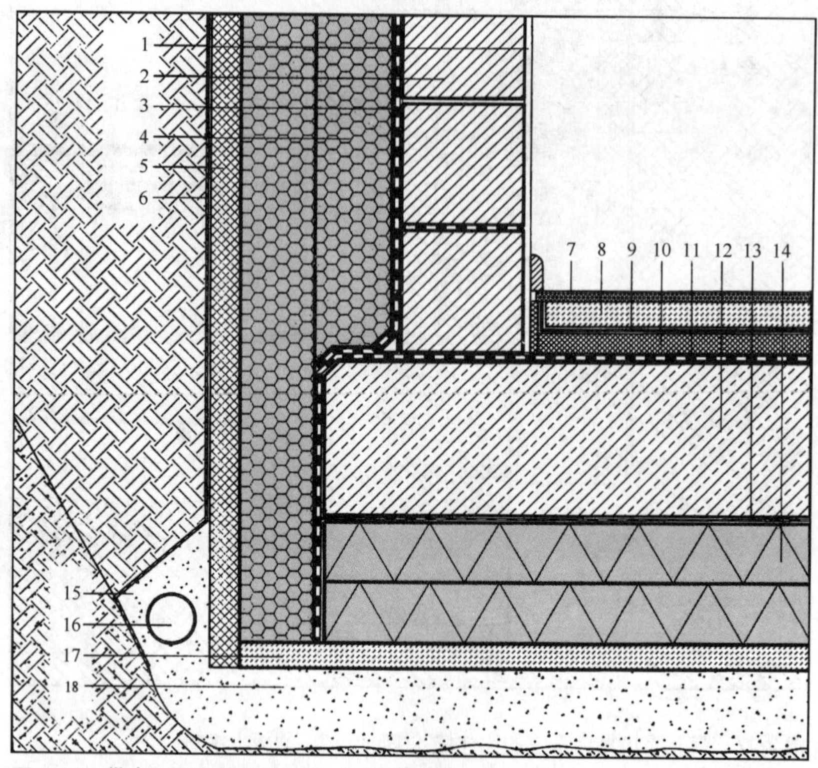

图 2-18 带有隔热复合系统的实体墙-供暖地下室/地板下绝热

1—内抹灰，15mm；2—墙体，240mm；3—沥青厚铺层即防潮密封层(按照 DIN 18195 相应负荷)；4—周边隔热，2×150mm；5—导流板，60mm；6—过滤分隔纤维网；7—地板表层铺盖，20mm；8—水泥地面，50mm；9—聚乙烯-箔片；10—脚步声衰减层，40mm；11—防渗平道即防潮密封层(按照 DIN 18195 相应负荷)；12—钢筋水泥底板，300mm；13—聚乙烯-箔片，两层；14—耐压隔热层，2×120mm；15—粗砂砾包缠排水管(无毛细管作用)；16—排水管道；17—清洁层，50mm；18—砂砾层

1. 无热桥结构：

墙体：与地层接触的建筑部件按照德国国标 DIN 18195 应作密封。为确保水流疏导，墙体和地板之间的过渡区域安置一空心沟槽。垂直防潮密封与水平密封层可靠结合直到地板。墙的热量隔绝由大约 300mm 厚耐压且对湿度不敏感的周边隔热板组成。这些绝热板用沥青胶粘贴到外墙上。在空心沟槽区域，绝热板应仔细加工。基底板的前面凸出处应被完整地隔热搭盖。

地板：承载地板的下面，铺有耐压且适用的隔热板(挤塑聚苯乙烯板、聚氨酯板、泡沫玻璃板)。这些板必须保持密封并且绝对水平地铺在清洁的层面上。

连接：这一结构四周隔热没有任何的弱点。因之，在垂足点引入热隔离块没有必要。

2. 挡风密实：涉及地下的建筑部件没有此问题。

3. 密封：

墙体：墙体如果有灰浆破损、穿透裂缝、孔洞和其他疏漏，密封则无从谈起。墙体的密封是通过内侧墙体的湿抹灰来实现的。一旦这一密封平面遭破坏(比如为装插座、开关座、分电盘而开洞），密封平面必须通过附加强化措施（如用石膏填满）重建。原则上讲，上至清水屋顶下至清水地板全部要彻底抹灰。

地板：水泥有足够密封。

连接：原则上讲，上至清水屋顶下至清水地板，墙全部要彻底抹灰。

2.2.9 带有隔热复合系统的实体墙-未供暖地下室/地下室顶盖下绝热

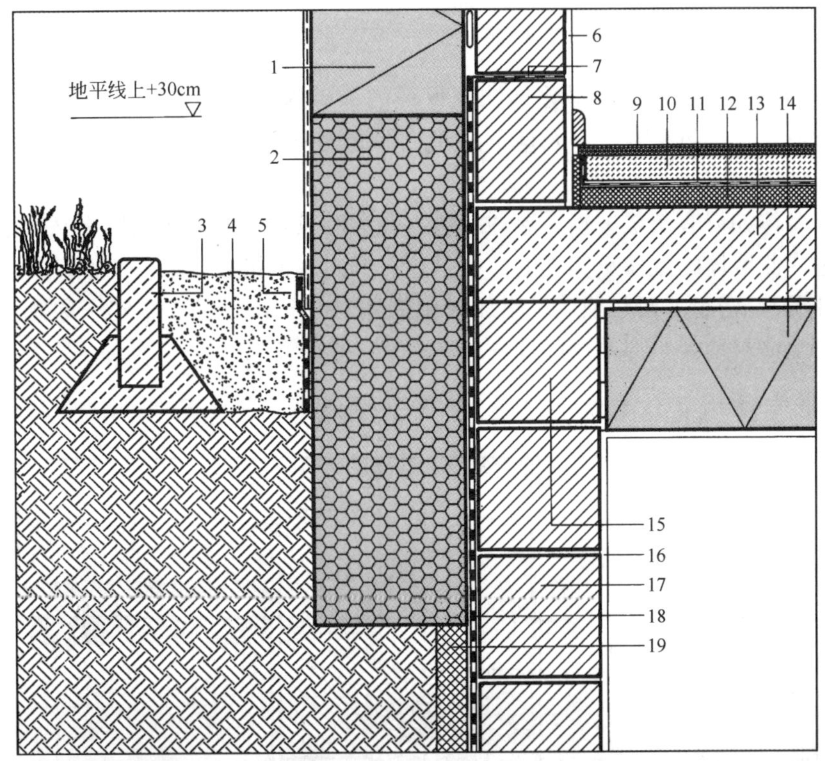

图 2-19 带有隔热复合系统的实体墙-未供暖地下室/地下室顶盖下绝热

1—热隔绝复合系统，300mm，粘贴；2—周边隔热层，300mm；3—边缘石头组件；4—无毛细管作用的砂砾带；5—沥青厚铺层即防潮密封层（按照 DIN 18195 相应负荷）；6—内抹灰，15mm；7—水平阻挡层；8—墙体，175mm；9—地板表层铺盖，20mm；10—水泥地面，50mm；11—聚乙烯-箔片；12—脚步声衰减层，40mm；13—钢筋水泥顶盖，180mm；14—绝热层，240mm；15—热隔绝；16—内抹灰，15mm；17—墙体，240mm；18—沥青厚铺层即防潮密封层（按照 DIN 18195 相应负荷）；19—导流板，60mm

1. 无热桥结构：

墙体：墙体热量隔绝由厚约 300mm 的隔热板组成，通常是岩棉-隔热板或聚苯乙烯-隔热板；带有强化基面抹平和外抹灰。为防止外面空气向后流动，这些绝热板应在四周粘贴或全平面地与实体外墙相接。绝热连接系统转入墙基隔热。

周边隔热：地下室墙体之热量隔绝由厚约 300mm 的耐压和对湿度不敏感的周边-隔热板组成；这些隔热板用沥青胶粘在外墙上。周边-隔热板应至少覆盖地下室顶盖上缘之下 80cm。墙基区域将被强化：用抹灰砂勒脚并且直到这区域上缘得以一个厚层强化保护。周边隔热层与隔热复合系统的隔热板密封地结合，不需要基座箍。还有，对湿度不敏感的周边-隔热板介入，按照德国国家标准 18195 有关与地接触建筑构件防潮技术规定的密封处理亦不能放弃。这一密封层采用一个排水和保护垫防潮。

地下室顶盖：地下室顶盖下面的隔热层采用的膨胀聚苯乙烯板、挤塑聚苯乙烯板、聚氨酯板或岩棉板。这些绝热板应单层地用矿物胶密封地粘到地下室顶盖下面。这些绝热板应被固化、找正、抹平、填缝；以期避免任何小缝隙。一般来讲，建筑开工之前，须堆放足够的聚苯乙烯隔热板，以防止皱缩。

连接：隔热层在开裂的墙体处中断。为减少垂直热桥，在最上面基点引入低导热系数材料如泡沫水泥做一热隔离。

2. 挡风密实：

墙体：墙的挡风密封是由强化外抹灰保证的。易透风点如电线引入引出穿通和连接处，应当形成历久挡风密封。涉及地下的建筑部件没有此问题。

3. 密封：

墙体：墙体如果有灰浆破损、穿透裂缝、孔洞和其他疏漏，密封则无从谈起。墙体的密封是通过内侧墙体的湿抹灰实现的。一旦这一密封平面遭破坏（比如为装插座、开关座、分电盘而开洞），密封平面必须通过附加强化措施（如用石膏填满）重建。原则上讲，上至清水屋顶下至清水地板全部要彻底抹灰。

2.2.10 带有隔热复合系统的实体墙-未供暖地下室/地下室顶盖上绝热

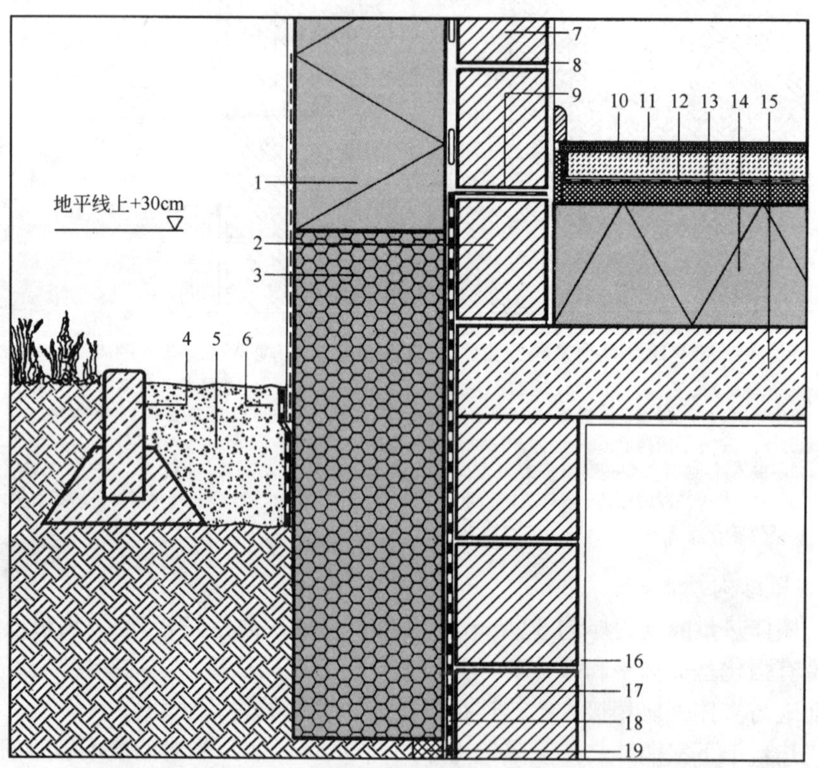

图 2-20 带有隔热复合系统的实体墙-未供暖地下室/地下室顶盖上绝热

1—热隔绝复合系统，300mm，粘贴；2—热隔绝垂足基点；3—周边隔热，300mm；4—边缘石头组件；5—无毛细管作用的砂砾带；6—沥青厚铺层即防潮密封层（按照 DIN 18195 相应负荷）；7—墙体，175mm；8—内抹灰，15mm；9—水平阻挡层；10—地板表层铺盖，20mm；11—水泥地面，50mm；12—聚乙烯-箔片；13—脚步声衰减层，40mm；14—耐压绝热层，240mm；15—钢筋水泥顶盖，180mm；16—内抹灰，15mm；17—墙体，240mm；18—沥青厚铺层即防潮密封层（按照 DIN 18195 相应负荷）；19—导流板，60mm

1. 无热桥结构：

墙体：墙体之热量隔绝由厚约300mm的隔热板组成，通常是岩棉隔热板或聚苯乙烯隔热板；带有强化基面抹平和外抹灰。为防止外面空气向后流动，这些隔热板应在四周粘贴或全平面地与实体外墙相接。热隔绝复合系统转入墙基隔热。

周边隔热：地下室墙体之热量隔绝由大约厚300mm的耐压和对湿度不敏感的周边隔热板组成；这些隔热板用沥青胶粘在外墙上。周边隔热板应至少导向地下室顶盖上缘之下80cm。墙基区域将被强化：用抹灰勒脚并且直到这区域上缘以一个厚层强化保护。周边隔热层与热隔绝复合系统的隔热板密封地相结合，不需要基座箍。还有，对湿度不敏感的周边隔热板介入，按照德国国家标准18195有关与地接触建筑构件防潮技术规定的密封处理亦不能放弃。这一密封通过一个排水和保护垫防潮。

地下室顶盖：地板上铺有耐压防变形的隔热板(聚苯乙烯20板、挤塑聚苯乙烯板、聚氨酯板、木质软纤维板或经干燥处理后的下脚料制成品等)。原则上，这里要重视小心地进行蒸汽隔阻。聚乙烯-箔片可耐久地被灰浆固定或用一个可压缩带压在基柱边缘上。

连接：为减少垂直热桥，在整个墙(仍在墙体构件内)的垂足点(墙的最低基点，以后在这一高度引入低导热系数材料如泡沫水泥)做一隔热。

2. 挡风密实：

墙体：墙的挡风密实性是由强化外抹灰保证的。易透风点如电线引入引出穿通和连接处，应当形成历久挡风密封。涉及地下的建筑部件没有此问题。

3. 密封：

墙体：墙体如果有灰浆破损、穿透裂缝、孔洞和其他疏漏，密封则无从谈起。墙体的密封性是通过内侧墙体的湿抹灰实现的。一旦这一密封平面遭破坏(比如为装插座、开关座、分电盘而开洞)，密封平面必须通过附加强化措施(如用石膏填满)重建。原则上讲，上至清水屋顶下至清水地板全部要彻底抹灰。

2.2.11 带有木质腹板支撑架的木制轻型墙体-坡屋顶/屋檐的连接

1. 无热桥结构：

墙体：采用木质腹板支撑架可实现几乎无热桥的大厚度绝热层。一个木质材料板作为支撑加固用内置厚板。一个对湿度不敏感的扩散透气的木质软纤维板保护这结构件，同时还建立了木撑块的遮搭绝热。梁腹板承载器之间的空间用绝热介质，比如用纤维素，不留任何缝隙地严密填充。安装平面也作为附加隔热平面。可参考2.1.4。

屋顶：采用木质腹板支撑架可花费节省地仅在一层就实现大厚度绝热层。借助支撑架的隔热过覆盖以及单薄的腹板，这一构件实际上无热桥。和墙体一样，腹板支撑架之间的空间用绝热介质(比如填吹纤维素)絮片填实。因为具有高的比热容，在夏天可很好地防热。安装平面也作为附加隔热平面。可参考2.1.8。

连接：热隔离的外墙体及屋顶结构件彼此过渡无缝。在把一侧的搭接板带进弯曲支架角落接头之前，腹板和搭接板之间的空间必须全体积地隔热。

2. 挡风密实：

墙体：一个对湿度不敏感的扩散透气木质软纤维板保护这一结构并建立挡风密实平面。

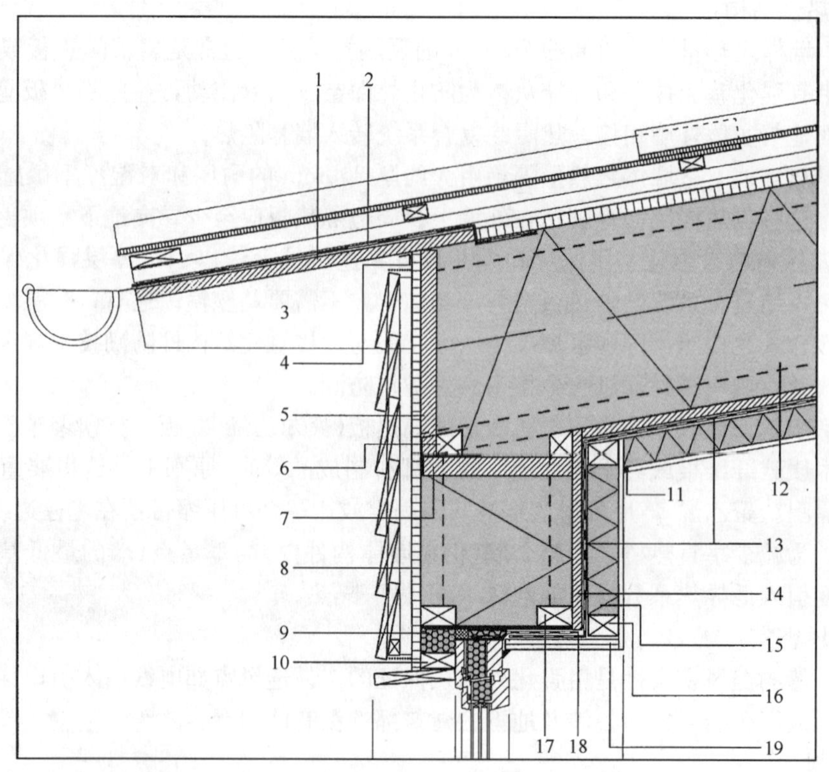

图 2－21 带有木质腹板支撑架的木制轻型墙体-坡屋顶/屋檐的连接

1—木质材料板，24mm；2—蒸汽渗出开口泄压道；3—加在前面的遮护椽；4—密封粘接接口；5—边缘厚方木板作为垫板支架，$d=32$mm；6—椽脚连接器；7—界木，$d=40$mm；8—防水木质软纤维板，18mm；9—填塞绝热介质；10—框木，环绕；11—耐久密封；12—带有填吹绝热介质的木质腹板承载器，400mm；13—蒸汽隔阻；14—木质材料板，18mm，裂隙接头密封粘贴；15—石膏硬纸连接板，60mm厚绝热层；16—板条，60/40mm；17—木质腹板承载器作为终结元件；18—丁基橡胶带，四面环绕作为内部密封连接；19—带有15mm厚绝热层的石膏连接板

屋顶：屋顶的挡风密实性是通过一个对湿度不敏感的扩散透气木质软纤维板实现的，这木质软纤维板上安置有企口和榫头。它们保护屋顶结构得以防风、防灰尘、防飞雪和防凝结物。突伸的屋檐镶板被一个透气开口泄压道所覆盖，其被安排在紧挨着的软纤维板下面。

连接：墙体木质软纤维板直接紧紧地顶住突伸的屋檐铺板。若存有任何缝隙，用粘接带做挡风密实粘贴并且借助压紧板条确保接实。

3. 密封：

墙体：加固的内盖板同时也作为密封平面。因此，所有板的接头和连接缝隙都应以粘接带或蒸汽隔阻纸板条仔细地粘贴住。密封层内侧的第二绝热平面防止了这密封层被穿透。

屋顶：加固的内盖板(胶合板或阻隔木板)同时也作为密封平面。板的接头和连接缝隙都应以粘接带或蒸汽隔阻纸板条仔细地粘贴住。

连接：屋顶和墙体加固的内盖板之间的缝隙用一个密封带粘接，并且机械上经一个按压板条确保。这按压板条同时也作为房间侧边铺板的子构件。

2.2.12 带有木质腹板支撑架的木制轻型墙体-坡屋顶/山墙的连接

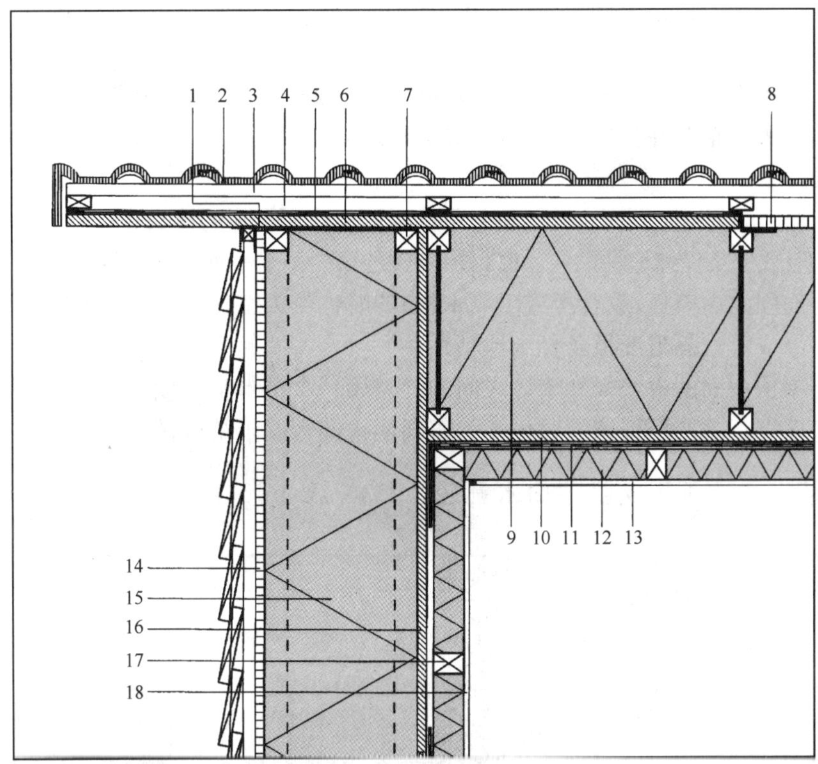

图 2-22 带有木质腹板支撑架的木制轻型墙体-坡屋顶/山墙的连接

1—粘接带；2—架瓦上顶；3—板条，30/50mm；4—望板，30/50mm；5—蒸汽渗出开口泄压道；6—木质材料板，22mm；7—木质腹板承载器作为隔离元件；8—防水木质软纤维板，22mm；9—带有填吹绝热介质的木质腹板承载器，400mm；10—加固木质材料板，18mm，缝隙接头密封粘贴；11—蒸汽隔阻和密封平面；12—第二绝热平面，60mm；13—石膏硬纸板；14—防水木质软纤维板，18mm；15—带有填吹绝热介质的木质腹板承载器，300mm；16—加固木质材料板，18mm，缝隙接头密封粘贴；17—第二绝热平面，60mm；18—石膏硬纸板

1. 无热桥结构：

墙体：采用木质腹板支撑架可实现几乎无热桥的大厚度绝热层。一个木质材料板作为支撑加固用内置厚板。一个对湿度不敏感的扩散透气的木质软纤维板保护这结构件，同时还建立了木撑块的遮搭隔热。梁腹板承载器之间的空间用绝热介质，比如填吹纤维素，不留任何缝隙地严密填充。安装平面也作为附加隔热平面。可参考 2.1.4。

屋顶：采用木质腹板支撑架经济实用，仅一层就实现了大厚度绝热层。借助支撑架的隔热过覆盖以及单薄的腹板，这一构件实际上无热桥。和墙体一样，腹板支撑架之间的空间用绝热介质(比如填吹纤维素)的絮片填实。因为其高的比热容，在夏天可很好地防热。安装平面也作为附加绝热平面。可参考 2.1.8。

连接：隔热的外墙结构件向上一直顶到突伸的木质材料板下面。屋顶边缘-腹板支撑架和强化内墙体盖板之间的空间应仔细隔热保温。此结构件几乎无热桥。

2. 挡风密实：

墙体：一个对湿度不敏感的扩散透气木质软纤维板保护这一结构并建立挡风密实平面。

屋顶：屋顶的挡风密实性是通过一个对湿度不敏感的扩散透气的木质软纤维板来实现的，这木质软纤维板上安排有企口和榫头。它们保护屋顶结构使其防风、防灰尘、防飞雪和防凝聚物。突伸的连接山墙盖板被一个透气开口泄压道所覆盖，其被安排在紧挨着的软纤维板的下面。

连接：墙体木质软纤维板紧紧地直接顶住突伸的连接山墙盖板。若存有任何缝隙，用粘接带做挡风密实粘贴并且借助压紧板条确保接实。

3. 密封：

墙体：加固的内盖板同时也作为密封平面。因此，所有板的接头和连接缝隙都应以粘接带或蒸汽隔阻纸板条仔细地粘贴住。密封层内侧的第二绝热平面防止了这密封层被穿透。

屋顶：加固的内盖板(胶合板或阻隔木板)同时也作为密封平面。板的接头和连接缝隙都应以粘接带或蒸汽隔阻纸板条仔细地粘贴住。

连接：屋顶加固的内盖板和墙体之间的缝隙用一个密封带粘接，并且经一个按压板条机械上确保接牢。这按压板条同时也作为房间侧边铺板的子结构件。

2.2.13 带有木质腹板支撑架的木制轻型墙体-外墙到楼层间盖板的连接(木制)

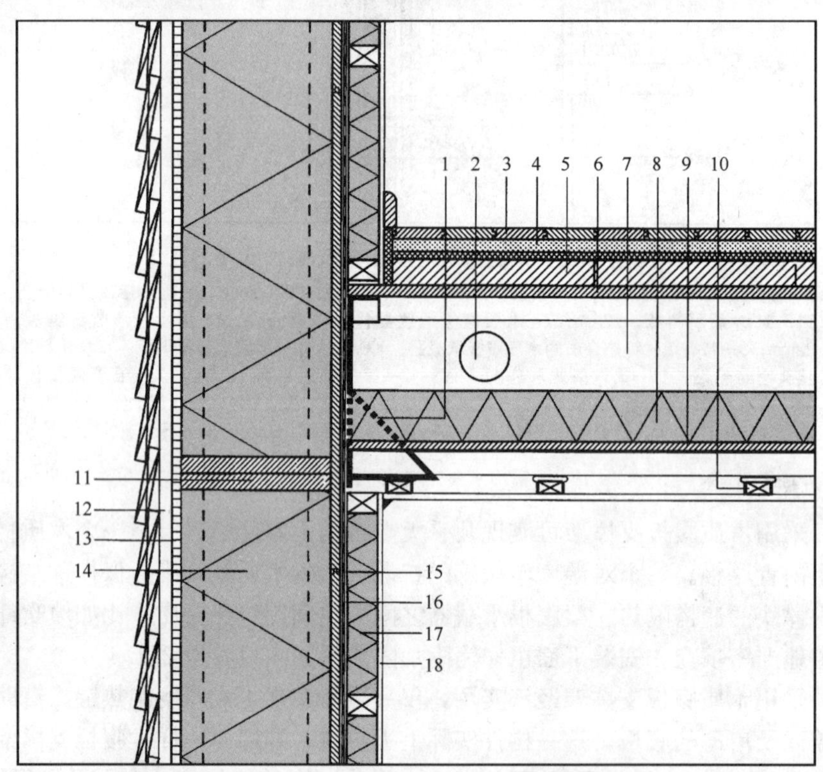

图 2-23 带有木质腹板支撑架的木制轻型墙体-外墙到楼层间盖板的连接(木制)

1—木质腹板承载器用支架型部件；2—通风管道等安装区；3—地板表层铺盖，如木地板；4—干水泥板，25mm；带有脚步声衰减层，15mm；5—水泥制人行道板，400/400/50mm；6—木质材料板，22mm；7—木质腹板承载器，350mm；8—声音隔绝垫，100mm；9—木质材料板，18mm；10—借助榫头夹板取下石膏硬纸板；11—实体界木，$d=32$mm，两层；12—后通风前立面外装；13—防水木质软纤维板，18mm；14—带有填吹绝热介质的木质腹板承载器，300mm；15—加固木质材料板，18mm；16—缝隙接头密封粘贴；17—第二绝热平面，60mm；18—石膏硬纸连接板

1. 无热桥结构：

墙体：采用木质腹板支撑架可实现几乎无热桥的大厚度绝热层。一个木质材料板用作支撑加固内置厚板。一个对湿度不敏感的扩散透气的木质软纤维板保护这结构件，同时这木质软纤维板还建立木撑块以及实体界木的搭接隔热。腹板承载器之间的空间用填吹绝热介质，比如纤维素，不留任何缝隙地严密填充。填吹纤维素绝热介质技术最适合于将小尺寸部分和棱角处如支撑架的腹板断面处，全体积地不留任何缝隙地严密填充。安装平面也作为附加绝热平面。可参考 2.1.4 节。

盖板：基于隔绝声音的需求，由木质腹板支撑架组成的盖板结构件上铺盖较重的水泥制人行道板。一个带有浸水干水泥板的隔声地板结构，一个在承载器平面的热隔绝层以及可借助榫头夹板摘取的石膏硬纸板，起到附加声音保护作用。余下的盖板空腔可用来安装诸如通风管道。

连接：腹板支撑架组成的盖板梁借助于支架型部件附着，并没有破坏墙体的承载和绝热层。

2. 挡风密实：

墙体：一个对湿度不敏感的扩散性木质软纤维板保护这一结构并建立挡风密实平面。

盖板：木质腹板支撑架借助于支架型部件内部附着，并没有破坏墙体的挡风密实平面。

连接：没有评论。

3. 密封：

墙体：加固的内部铺板同时也作为密封平面。因此，所有板的接头和连接缝隙都应以粘接带或蒸汽隔阻纸板条仔细地粘贴住。密封层之内侧的第二绝热平面防止了密封层被穿透。

盖板：木质腹板支撑架借助于支架型部件内部附着。加固的内铺板作为墙的密封平面没有被穿透。

连接：在安置支架型部件于外墙之前，这区域所有缝隙和接头都应仔细地粘贴。然后，支架型部件用一个可压缩的密封件作衬里，并旋入外墙木结构件上。第二绝热平面应先借助于压力测试进行现有情况的质量控制。先测试在密封平面上可能的弱点，可以达到的话，则做进一步改进。

2.2.14 带有木质腹板支撑架的木制轻型墙体-外墙到实体楼层间盖板的连接

1. 无热桥结构：

墙体：采用木质腹板支撑架可实现几乎无热桥的大厚度绝热层。一个木质材料板用作支撑加固内置厚板。一个对湿度不敏感的扩散透气的木质软纤维板保护这结构件，同时这木质软纤维板还建立木撑块以及实体界木的搭接绝热。腹板承载器之间的空间用填吹绝热介质，比如用填吹纤维素，不留任何缝隙地灌满。填吹技术最适合于将小尺寸部分和棱角处如支撑架的腹板断面处，全体积地不留任何缝隙地用纤维素绝热介质补足。安装平面也作为附加绝热平面。可参考 2.1.4。

盖板：钢筋水泥盖板两侧横落在实体隔断墙上。一个带有浸水干水泥板的隔声地板结构起到加强声音防护作用。实体室内建筑部件作为存储质量可派上大用场。

连接：钢筋水泥盖板并没有穿透设在实体结构前的隔热轻型墙体。这一结构无热桥。

2. 挡风密实：

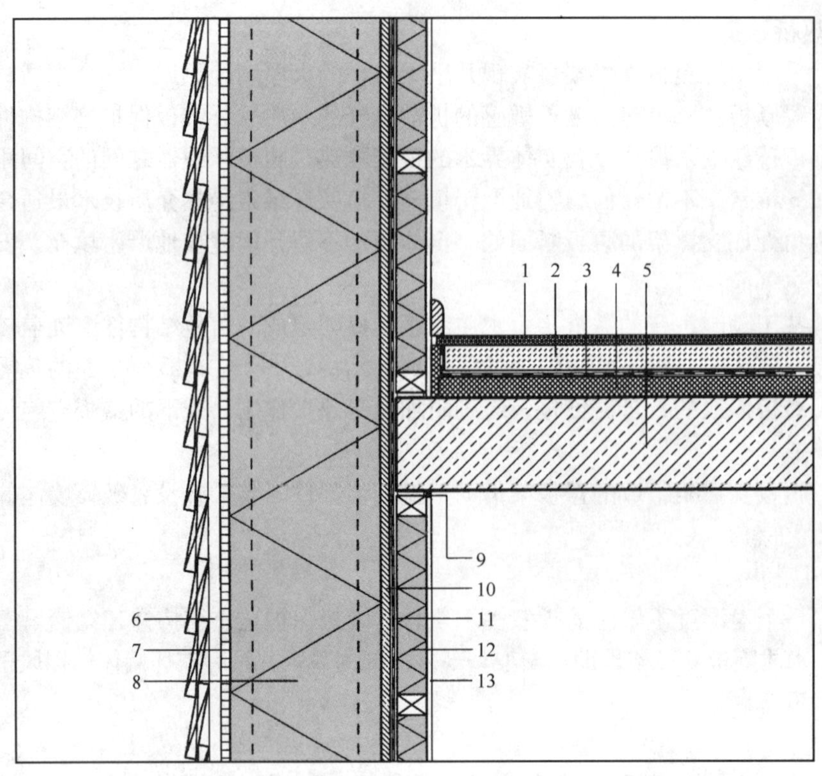

图 2-24　带有木质腹板支撑架的木制轻型墙体-外墙到实体楼层间盖板的连接

1—表层铺盖；2—无缝地面，50mm；3—聚乙烯-箔片；4—脚步声衰减层，40mm；5—钢筋水泥盖板，180mm；6—后通风前立面外装；7—防水木质软纤维板，18mm；8—带有填吹绝热介质的木质腹板承载器；9—可长期负担密封带；10—加固木质材料板，18mm；11—缝隙接头密封粘贴；12—第二绝热平面，60mm；13—石膏硬纸连接板

墙体：一个对湿度不敏感的扩散性木质软纤维板保护这一结构并建立挡风密实平面。

盖板：实体盖板并没有穿透墙体的挡风密实平面。

3. 密封：

墙体：加固的内铺板同时也作为密封平面。因此，所有板的接头和连接缝隙都应以粘接带或蒸汽隔阻纸板条仔细地粘贴住。密封层内侧的第二绝热平面防止了密封层被穿透。

盖板：实体盖板两侧横落在实体隔断墙上。加固的内部铺板作为墙的密封平面没有被穿透。

连接：相对于实体结构件，木质腹板支撑架-墙体结构是作为事先加工好的建筑构件来引进的。在实体建筑构件领域(墙体和顶盖)，所有板的接缝和连接接头应事先仔细加以粘贴，因为这些区域以后不再能方便地处理。密封层内侧的一个第二绝热平面保护密封层。这第二绝热平面应先借助于压力测试进行现有情况的质量控制。先测试在密封平面上的可能弱点，还可以达到的话，则能做进一步改进。

2.2.15　带有木质腹板支撑架的木制轻型墙体-基础/地板以上外墙之连接

1. 无热桥结构：

墙体：采用木质腹板支撑架可实现几乎无热桥的大厚度绝热层。一个木质材料板用作

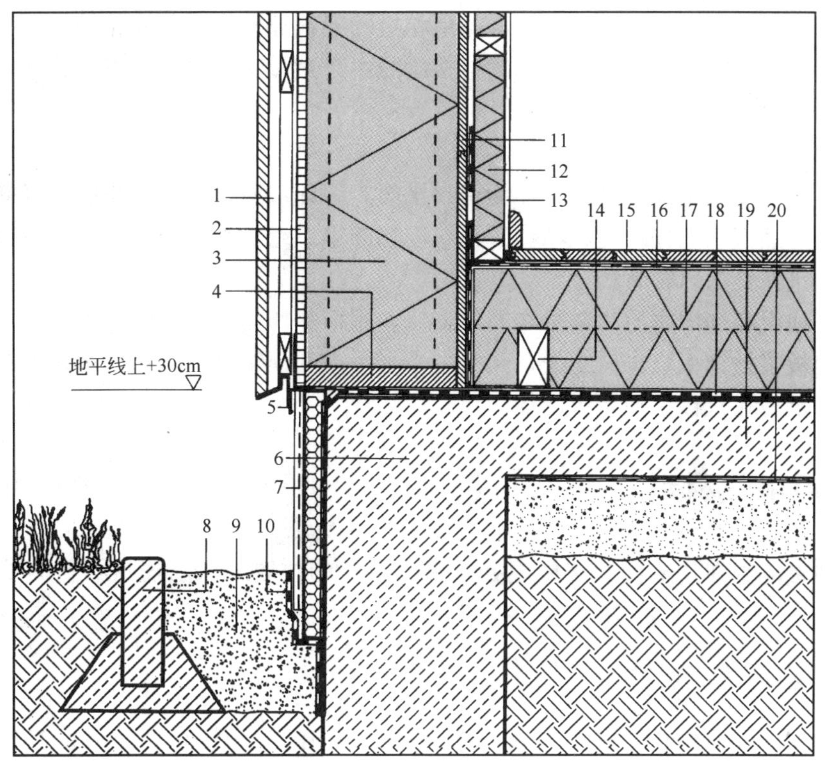

图 2-25 带有木质腹板支撑架的木制轻型墙体-基础/底板以上外墙之连接

1—后通风前立面外装；2—防水木质软纤维板，18mm；3—带有填吹绝热介质的木质腹板承载器；4—实体界木，d－40mm；5—突出薄片；6—基础，钢筋水泥；7—周边隔热板，24mm，带有加固基座抹灰勒脚；8—边缘石头组件；9—无毛细管作用的砂砾带；10—沥青厚铺层；11—加固木质材料板，18mm，缝隙接头密封粘贴；12—第二绝热平面，60mm；13—石膏硬纸连接板；14—2×实体木块，交叉铺设，60/120mm；15—地板铺设，木地板，20mm；16—聚乙烯-箔片；17—碎屑介质绝热层，2×120mm；18—防潮层（按照 DIN 18195 相应负荷）；19—钢筋水泥地板，160mm；20—聚乙烯-箔片

支撑加固内置厚板。一个对湿度不敏感的扩散透气的木质软纤维板保护结构件，同时木质软纤维板还建立木撑块以及实体界木的搭接绝热。腹板承载器之间的空间用填吹绝热介质，比如用填吹纤维素，不留任何缝隙地灌满。填吹技术最适合于将小尺寸部分和棱角处如支撑架的腹板断面处，全体积地不留任何缝隙地用纤维素绝热介质补足。安装平面也作为附加绝热平面。详细请参考 2.1.4。

地板：在一个竖立的干燥-子结构件之间倾入碎屑隔热介质。木质腹板承载器或交叉铺设的木梁适宜于这种竖立。由此，在交叉点上热桥减少了。在底脚板安排隔热层时，要注意小心执行蒸汽隔阻。聚乙烯-箔片应当借助压缩带和压力板条在加固胶合板上予以固定。

连接：墙隔热层和地板隔热层仅通过内部加固胶合板彼此无缝地连接，因之可忽略任何中断。一个在基础座上安置的隔热板更加改善了隔热过程。

2. 挡风密实：

墙体：一个对湿度不敏感的扩散性木质软纤维板保护这一结构件并且建立挡风密实平面。

地板：水泥是挡风密封的。此外，与地相接的建筑部件不再与此相关。

连接：软纤维板和实体界木之间的连接缝隙由密封带交互粘贴。墙体的界木将用一个压缩带衬上，紧实地与地板相接。

3. 密封：

墙体：加固的内部铺板同时也作为密封平面。因此，所有板的接头和连接缝隙都应以粘接带或隔阻蒸汽板条仔细地粘贴住。密封内层的第二绝热平面防止了密封层被穿透。

地板：水泥是足以密封的。

连接：地板和加固木质材料板之间的连接，用箔片作为角落粘贴而达致密封。这箔片到第一个地板梁处结束，也就是说，到第一个水平内部横梁处，粘贴；通过地板梁和内部横梁，密封箔片在机械上被予以附加固定。

2.3 保温隔热材料

鉴于热量隔绝在建造无源房屋中处于最为关键的位置，保温隔热材料的重要性不言而喻。

2.3.1 保温隔热材料特性综述

如今，保温隔热材料的种类繁多，必须按照不同的应用场合作出最恰当的选择。另外，对保温隔热材料起决定性作用的判别标准已经不再仅仅是热量传导能力和机械抗压性能，同时还有防火阻燃，温度负荷力和抗老化等特性以及与环境协调共存的机能：

1. 热量从建筑材料的热端被传送到冷端的性能被称为热量传导能力。这一经考核测试机构测得的值［导热系数单位：W/(m·K)］将作为计算值来应用：热量经保温隔热材料的热损失越少，则其热量传导能力越小。

2. 外围建筑部件的每一层抵挡水蒸气从建筑物内部向外部扩散渗透的能力被称作水蒸气扩散渗透阻力，由水蒸气扩散渗透阻力数来表征。它给出在同一温度下同样层厚某保温隔热材料抵挡水蒸气扩散渗透阻力是同样厚静止空气层抵挡水蒸气扩散渗透阻力的多少倍。建筑部件内露水凝结可以通过水蒸气扩散渗透阻力数计算出来。这里采用特殊计算方法，并根据计算结果判断是否需要安置水蒸气阻挡层。这允许所有保温隔热材料既不因水蒸气扩散渗透而产生露水凝结，也不会有另外方式水的作用使潮气增加；因为这样一来，可能导致热量传导能力提高，增加供暖热量需求量。

3. 机械抗压性能构成另一种判别保温隔热材料的标准。每一个应用领域均有一个抗压性能的最小要求值。比如平屋顶隔热层对抗压性能的要求要比墙体隔热层对机械抗压性能要求高出许多，这是因为平屋顶维修保养可能踩踏的缘故。再者，保温隔热材料随时间变形以及厚度变小都可采用具有足够的机械抗压性能的保温隔热材料得以防止。

4. 表观密度再次给出保温隔热材料的密度。当保温隔热材料介入有静力学承载要求的建筑部件如屋顶支撑或其他的木结构件时，必须考虑它。保温隔热材料的密度随着表观密度一起增加。

5. 保温隔热材料在建筑材料防火阻燃性能上有 A 和 B 级之分：A1 级和 A2 级建筑材料不可燃，B1 不易燃，B2 小火苗和 B3 可燃。对防火阻燃性能的要求随建筑类别和建筑高度而异。

6. 保温隔热材料还区分在表面温度应用界限上：如聚苯乙烯硬泡沫长期应用温度上限为80～85℃；泡沫玻璃430～460℃。举例来说，平屋顶沥青层会用燃气喷灯液化，毗邻的保温隔热材料就要经得起这种高温考验。这时候，保温隔热材料温度要求必须予以考虑，以防止变形或被损坏。

7. 保温隔热材料的抗老化特性与建筑形式(有保护或没有保护)，工质种类，天气要求包括：太阳光照射，空气湿度，空气温度以及抵抗动植物伤害等相关联。还有在化学方面的要求：与水泥、石灰、石膏或在建造过程中遇到的其他建筑材料是否及如何影响保温隔热材料的老化过程。

8. 与环境协调共存的机能包括其原材料来源及可供应性；其生产、运输、建造过程中能量介入和环境负担量；还涉及对健康有害物质的产生，与加工过程相关并对加工者和房屋居住者有健康的危害性都要注意。还有燃烧产生物质的发散以及使用后再循环可能性等同样重要。

下面介绍最经常应用的保温隔热材料的不同类别以及性能。

(照片来源：PAVATEX，JACKODUR，HENJES，HOMATHERM，HOCK，DOSCHAWOLLE，KNAUF，ECOTECHNIC，REDSTONE，TECHNOPOR，ISOVER，IVPU，ISOFLOC，HERAKLITH，PROMAT，ABWSHOP，FOAMGLAS，THERMO-HANF，VA-Q-TEC)。

2.3.2 常用保温隔热材料种类及特性

2.3.2.1 膨胀聚苯乙烯(EPS)

聚苯乙烯硬泡沫(EPS)是由有机化学原料生产的具有封闭多面体蜂窝的硬质保温隔热材料。膨胀聚苯乙烯由苯乙烯加少量添加物聚合而成。用膨胀聚苯乙烯板(图2-26)，短时使用温度最高达100℃，长期80～85℃。当某些工质与之直接接触，可能产生有害交互作用。市场中，膨胀聚苯乙烯有板，块和带状产品。优点：隔热，隔声效果好；抗潮湿，防老化，耐腐蚀；抵御害虫；健康无瑕；采用CO_2泡沫产品生态平衡。缺点：燃烧产生浓烟；原料供应有限；只有同种纯废料可以再循环；生产苯乙烯过程有环境污染；不抗紫外线，表面经太阳光照射易脆；相对来说，渗透密实；比较而言，有孔的板材较贵。应用领域：外墙：内、外、夹芯保温隔热层，保温隔热复合系统；屋顶：坡屋顶椽上、椽下、椽间保温隔热层，平屋顶；实体楼板：脚步声衰减层，地下。特性：导热系数$\lambda=0.03\sim0.04W/(m\cdot K)$；防火等级B1，水蒸气扩散阻力数$\mu=20/50\sim40/100$；表观密度15～30kg/$m^3$；材料厚度2～20cm。

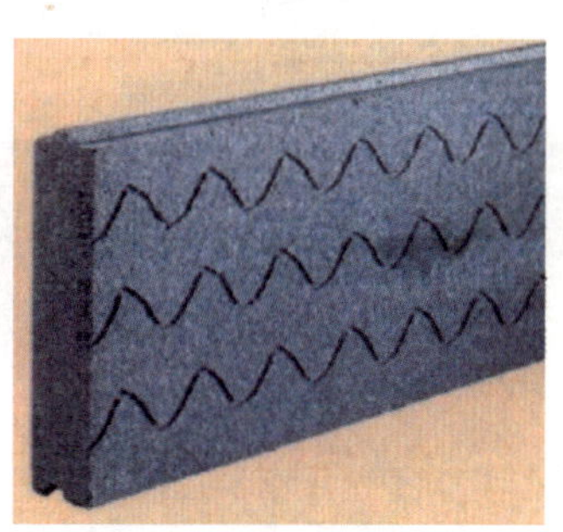

图2-26 膨胀聚苯乙烯板

2.3.2.2 挤塑聚苯乙烯(XPS)

挤塑聚苯乙烯(XPS)同样是具有均匀封闭多面体蜂窝的硬质保温隔热材料(图2-27)。挤塑聚苯乙烯由苯乙烯加少量添加物在一定温度下热塑成型。XPS(绿或玫瑰色)不吸水，常用于潮湿处作保温隔热材料：如周边、柱角、基座、平屋顶，这是因为其高机械抗压性能。

优点：高机械抗压性能；抗潮湿、防老化、耐腐蚀；高密实度；健康无瑕；采用 CO_2 泡沫产品生态平衡。缺点：燃烧产生浓烟；生产苯乙烯过程有环境污染；不抗紫外线，表面经太阳光照射易脆。应用领域：外墙：内、外、夹芯保温隔热层，保温隔热复合系统，周边保温隔热；屋顶：坡屋顶椽上、椽下、椽间保温隔热层，平屋顶、折返顶；实体楼板：地下，周边保温隔热。特性：导热系数 λ=0.03/0.035/0.04W/(m·K)；防火等级 B1；水蒸气扩散阻力数 μ=80～250；表观密度 25～45kg/m³；材料厚度 2～12cm。

2.3.2.3 聚氨酯硬质泡沫(PU，PUR)

聚氨酯硬质泡沫(PU，PUR)是以石油为原料附加催化剂和发泡剂制成的，是一种封闭蜂窝结构占主导地位的硬质泡沫保温隔热材料(图 2-28)。生产时，通过产生高热量的化学反应将主体成分从液态变成气态；再经冷却过程而凝固成硬质泡沫。PU 和 PUR 作为板材具有高承载负荷和特别铝镶边能力，并且隔热性能非常好。用途作为铝镶边板，节省型隔热板或者窗户，门等局部隔热以期密封。优点：特别好的隔热保温性能，具有扩散密实覆盖层；抵抗潮湿、霉菌、腐烂并且防老化、耐腐蚀。缺点：燃烧产生有害健康的浓烟；板材不可再循环；不可组合；生产过程能量耗费过大；加工时，有对人健康危害的安装泡沫；鉴于存在令人疑惑的中间产品——石油产物，生态方面尚有问题。应用领域：外墙：内、外、夹芯保温隔热层，保温隔热复合系统；屋顶：坡屋顶椽上、椽下、椽间保温隔热层，平屋顶；实体楼板：地下和未加工盖板。特性：导热系数 λ=0.025/0.03/0.035W/(m·K)；防火等级 B1/B2；水蒸气扩散阻力数 μ=30～100；表观密度 30～35kg/m³；材料厚度 2～12cm。

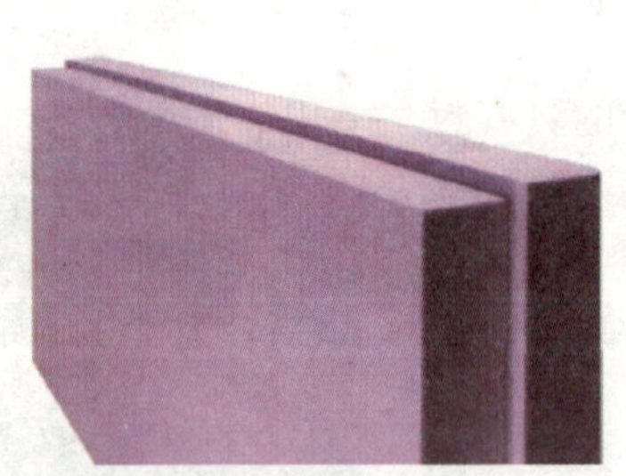

图 2-27 挤塑聚苯乙烯板

图 2-28 聚氨酯硬质泡沫板

2.3.2.4 矿物棉、岩棉和玻璃棉

矿物棉、岩棉和玻璃棉 90%由矿物原料构成，仅因合成成分不同而区分，实际上性能一样（图 2-29)。生产时，比如矿物纤维由老旧玻璃(玻璃原料)用离心法得到；再加入人造加固剂和其他附料调整特性。市场中，岩棉和玻璃棉作为毡和板材提供。在德国，除了膨胀聚苯乙烯板，岩棉用量最多。优点：隔热，隔声性能非常好；耐腐蚀；抗霉菌和虫

图 2-29 矿物棉、岩棉和玻璃棉

害；扩散排气；容易加工；不可燃；原料充裕；可存储。缺点：对湿度敏感；生产中大量耗能；不可组合。应用领域：外墙：内、外、夹芯保温隔热层，保温隔热复合系统；屋顶：坡屋顶椽上、椽下、椽间保温隔热层，平屋顶；实体楼板：地下，脚步声衰减层；轻体建筑：木和金属支架间，木梁间。特性：导热系数 $\lambda=0.035/0.04\sim0.07$W/(m·K)；防火等级 A1/A2；水蒸气扩散阻力数 $\mu=1\sim2$；表观密度 8～500kg/m³；材料厚度3～22cm。

2.3.2.5 木纤维、木质软纤维板

木纤维、木质软纤维板由碎木、废木经切碎，变小，纤维化制成(图 2-30)。再加水呈糊状，无附料加压同时升高温度(约 350℃)成板。纤维间连接靠树脂。防潮的板再加树脂或沥青浸渍。因为沥青浸渍的木质纤维板可能释放有害物质，应禁止在室内使用。优点：隔热、隔声性能非常好；非常好的存储能力；扩散排汽；废物利用；可再循环。缺点：生产中大量耗能；沥青浸渍的木质纤维板可能释放有害物质；浸渍过的板不可组合。应用领域：外墙：内保温隔热层，后通风保外温隔热；屋顶：坡屋顶椽上、椽下、椽间保温隔热层，平屋顶；实体楼板：地下，轻体建筑：(隔体墙/盖板)，木柱，木梁间。特性：导热系数 $\lambda=0.035/0.045\sim0.07$W/(m·K)；防火等级 B2；水蒸气扩散阻力数 $\mu=5\sim10$；表观密度 110～450kg/m³；材料厚度 2～8cm。

2.3.2.6 木棉-轻体建材板(刨花板)

木棉-轻体建材板由长纤维木棉纤维(刨花)，经水泥、石膏或氧化镁土粘固制成(图 2-31)。矿物质粘固材料使刨花板不易燃，但隔热效果变差。板的材料结构，通过开小孔和毛细管标示出，如果没有附加涂层，吸水系数会很高。大多数情况下，刨花板用于抹灰的承载器。优点：隔热、隔声非常好；非常好的存储能力；扩散排汽；废物利用；健康无瑕；可组合。缺点：矿物质粘固材料使隔热效果变差；生产中大量耗能；应用领域：外墙：保温隔热复合系统；屋顶：坡屋顶椽下保温隔热层，平屋顶；实体楼板：地下室盖板下；轻体建筑：(隔断墙/盖板)楼层间盖板下，隔断墙铺板。特性：导热系数 $\lambda=0.065\sim0.09$W/(m·K)；防火等级 B1；水蒸气扩散阻力数 $\mu=2\sim5$；表观密度 360～460kg/m³；材料厚度 1.5～10cm。

图 2-30 木纤维、木质软纤维板

图 2-31 刨花板

2.3.2.7 软木

以灌注(粗粉)或板的形式成型的软木是一种纯天然产品(图 2-32)，并且有：天然软木粗粉和再循环软木粗粉；膨胀软木粗粉和烘烤软木粗粉之区分。天然软木粗粉由在欧洲南部国家生长的软木栎树树皮经碾碎制成。树皮被碾碎成粗粉后，空气隔绝地用高温蒸汽加热。由此而生成的膨胀软木粗粉经软木栎树自身的树脂或胶粘剂(沥青)加工成软木保温隔热板材。再循环软木粗粉以碾碎废软木为基础。膨胀软木粗粉是由经粗化的天然软木再通过水蒸气使其体积成倍地膨胀而成。烘烤软木粗粉是在一个高压容器中用水蒸气过度加热膨胀出的颗粒，天然树脂在表面粘合。优点：隔热、隔声效果非常好；对湿度不敏感；抵抗腐烂，防老化，耐腐蚀；抗虫害；非常好的存储能力；高压力承载能力；扩散排汽；废物利用；生态无瑕；易存放。缺点：软木粗化时有沉淀；并非适用所有领域；沥青软木(浸渍过)有害健康之虞；不可组合；运输远，因为主要产地在葡萄牙；与其他替代品如纤维素相比价格太高。应用领域：外墙：内，外，夹芯保温隔热层，保温隔热复合系统；屋顶：坡屋顶椽上、椽下、椽间保温隔热层，平屋顶；实体楼板：地下，脚步声抑制层；轻体建筑：(隔断墙/盖板)木柱，木梁间填充。特性：导热系数 $\lambda=0.04\sim0.06$W/(m·K)(0.045 最常见)防火等级 B2；水蒸气扩散阻力数 $\mu=5\sim10$；表观密度 80～500kg/m^3；材料厚度1～20cm。

2.3.2.8 纤维素、纤维素絮片和纤维素板

纤维素由经纤维化和碾过的旧纸(报纸)生产(图 2-33)。为了防火阻燃和抵抗害虫再混合加入硼盐或硼化物(防火阻燃物质)。纤维素可以以填充物或喷吹隔热介质方式来用，还可以通过稍加纤维湿润喷涂到垂直镶板上。纤维素也能以纤维素纤维构成的硬板供使用。纤维素絮片喷吹需要专业技术，要求由具专业准证的人员实施。优点：隔热、隔声非常好；湿度可控；抵抗腐烂和虫害；扩散排汽；纤维素板高弹性；生产中耗能不大；较小火灾危险；抽出后尚可再利用；生态无瑕；花费合理。缺点：抗压能力差；喷吹时可能承受粉尘(有必要呼吸保护)；加工纤维素板时要求严格，因为切断会破坏纤维；加硼化物防火但不可组合。应用领域：外墙：木支撑间隔热；屋顶：坡屋顶椽间保温隔热层，轻体平屋顶横梁间隔热；轻体建筑：(隔断墙/盖板)柱间，梁间隔热。特性：导热系数 $\lambda=0.04/0.045\sim0.05$W/(m·K)；防火等级 B1/B2；水蒸气扩散阻力数 $\mu=1\sim2$；表观密度 35～75kg/m^3。

图 2-32 软木板

图 2-33 纤维素、纤维素絮片和纤维素板

2.3.2.9 泡沫玻璃、发泡玻璃

泡沫玻璃由天然原料如石英砂或再循环玻璃(如老旧汽车玻璃片)生产(图 2-34)。制造中，原料经 1000℃以上高温加热并由添加剂(碳)来发泡。通过释放 CO_2 建立很多封闭小气泡。由于冷却时高温度应力而形成泡沫玻璃并且不能一刀切地成型，必须再加工成板。工业界提供依砖的尺寸特别抗压的板材使墙最底层的热桥作用减小。优点：即便潮湿，隔热也非常好；湿度不敏感；抗霜冻；密实防水和蒸汽；抵抗腐烂、腐蚀和虫害；抗酸，抗化学制品；高抗压性；形状稳定；不可燃；外面可代替聚苯乙烯；运输路途近；健康无瑕；原料供应无忧；易存放。缺点：加工时部分粘接用沥青；因为脆且表面平滑难以点固定；生产时高耗能；相对而言价格高。应用领域：外墙：内，夹芯保温隔热层，周边

隔热；屋顶：可供行走和驾驶的整体屋顶，平屋顶隔热；实体楼板：地下和地板，周边隔热。特性：导热系数 λ=0.04～0.06W/(m·K)；防火等级 A1；水蒸气密封；表观密度 105～165kg/m^3；材料厚度 4～13cm。

2.3.2.10 玻化微珠、膨胀玻化微珠、玻化微珠-隔热板

玻化微珠由玻璃质火山岩(珍珠熔岩)在极高温(1000℃以上)震动膨胀而成(图 2-35)。岩石水分作为水蒸气急剧向外扩张同时碎化的生玻化微珠的体积迅速膨胀 20 倍以上。这种产品没有添加剂，作为干填料用。如果存有潮湿作用，应当加填料(沥青)处理。玻化微珠-隔热板由膨胀玻化微珠块，添加胶粘剂(人造树脂、沥青)挤压成型。优点：湿度可控；抵抗腐蚀和虫害；密封填充物有高抗压性；自重轻；对空的空间后填充很方便；天然原料；不易燃。缺点：较小的隔热、隔声；不符合规矩的应用会产生灰尘；用沥青材料可能导致健康和生态问题；生产时高耗能；原材料供应受限；远距离运输。应用领域：外墙：夹芯保温隔热层，屋顶：平屋顶倾斜隔热层；实体楼板：地下脚步声衰减；轻体建筑：(隔断墙/盖板)木柱间隔热。特性：导热系数 λ=0.04/0.05～0.07W/(m·K)；防火等级 A1；水蒸气扩散阻力数 μ=3～5；表观密度 80～300kg/m^3。

图 2-34 泡沫玻璃及成型板

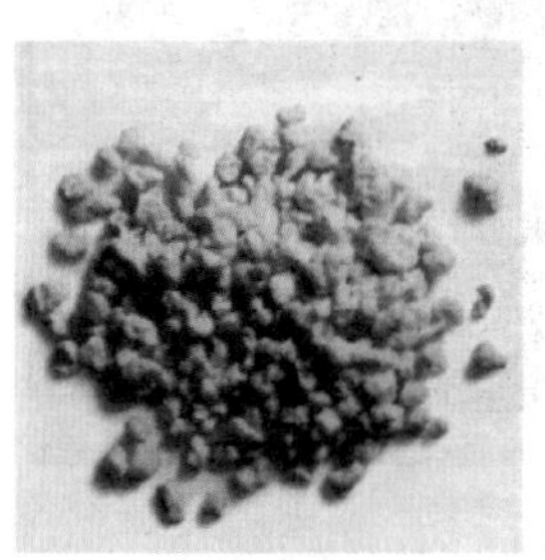

图 2-35 板玻化微珠、膨胀玻化微珠

2.3.2.11 羊毛、羊毛垫

羊毛保温隔热材料是由剪羊毛或再循环羊毛生产的，常作为垫、毡和填塞材料在市场上供应(图 2-36)。通过加入化学物质羊毛可以抵抗虫害，借助于硼盐可以防火。羊毛垫中常有聚合物制成的支撑纤维，以防止纤维粘捻。允许生产的羊毛产品有不同的成分组合。只有准确知晓添加剂种类及比例才能对羊毛产品作出质量评估。这些信息可从生产商处获得，以尽可能地了解价格差异的原因。优点：隔热和隔声非常好(还加工成脚步声衰减垫)；湿度可控；抵抗处理硼盐时的有害物质；扩散排气；容易加工；生态无瑕，因为原料可再生。缺点：通过加硼盐组合变得困难；进口货运输时间长；相对而言价格高。应用领域：外墙：内部保温隔热层，后通风外隔热，木支柱间隔热；屋顶：坡屋顶椽间和椽下保温隔热层；轻体建筑：(隔断墙/盖板)木柱间和木梁间隔热。特性：导热系数 λ=0.04W/(m·K)；防火等级 B2；水蒸气扩散阻力数 μ=1～2；表观密度 15～60kg/m^3；材料厚度 2～22cm。

2.3.2.12 棉、棉垫、棉毡

棉保温隔热材料是由植物棉纤维生产的。借助于硼盐可以防止发霉，改善防火。除了垫、毡以及作为填充毛用于椽间隔热；棉保温隔热材料还可以做成絮片用以填吹。优点：隔热和隔声非常好；高弹性；借助硼盐防虫害和霉菌；容易加工；填吹没有有害物质；健康无瑕；原料可再生。缺点：不能抗湿；运输时间长。应用领域：外墙：木支

撑间隔热；屋顶：坡屋顶椽间保温隔热层，轻体平屋顶横梁间隔热；实体楼板：地下脚步声衰减；轻体建筑：(隔断墙/盖板)木柱间和木梁间隔热。特性：导热系数 λ=0.04W/(m·K)；防火等级 B1/B2；水蒸气扩散阻力数 μ=1～2；表观密度 20～60kg/m^3；材料厚度5～18cm。

2.3.2.13 亚麻

亚麻保温隔热材料是由亚麻废料和作为支撑纤维用的聚合物纤维生产的(图 2-37)。为防止虫害，生产过程中加入硼盐。亚麻保温隔热材料常作为垫、毡和填塞材料在市场上供应。优点：隔热和隔声非常好；防潮；抵抗虫害和霉菌；健康无瑕；原料可再生。缺点：加硼盐和聚合物可能产生生态问题；加硼盐和聚合物使组合及再循环困难。应用领域：外墙：后通风外隔热，木支柱间隔热；屋顶：坡屋顶椽上、椽下和椽间保温隔热层；轻体建筑：(隔断墙/盖板)木柱间和木梁间隔热。特性：导热系数 λ=0.04W/(m·K)；防火等级 B2；水蒸气扩散阻力数 μ=1～2；表观密度 20～60kg/m^3；材料厚度 3～16cm。

图 2-36 羊毛垫

图 2-37 亚麻垫

2.3.2.14 大麻

大麻保温隔热材料是由天然原料加工成的垫或毡(图 3-38)。大麻经常与作为支撑纤维的聚合物纤维一起加工。大麻材料的易燃性用加入硼盐后降低了。填塞毛是松散的亚麻毛，用以保温隔热或隔声。大麻-轻体-黏土填充由被黏土包裹的大麻絮片制成。这种稳定且轻巧的填充材料特别适合抑制脚步声，房间保温隔热以及房间隔声。优点：隔热和隔声效果非常好；防潮；抵抗虫害；生态无瑕；原料可再生。缺点：尽管加了硼盐仍较易燃；难加工；加聚合物使组合及再循环困难。应用领域：外墙：后通风外隔热，木支柱间隔热；屋顶：坡屋顶椽上、椽下和椽间保温隔热层，陡屋顶，平屋顶；实体楼板：脚步声抑制，地板采暖埋入材料，均衡填充；轻体建筑：(隔断墙/盖板)木柱间和木梁间隔热，隔断墙中空隔热。特性：导热系数 λ=0.05～0.06W/(m·K)(0.05 最常见)；防火等级 B1/B2；水蒸气扩散阻力数 μ=1～2；表观密度 40～60kg/m^3；材料厚度 12～20cm。

2.3.2.15 椰茧、椰茧丝

椰茧保温隔热材料是由椰子的韧皮层纤维制成(图 2-39)。椰子壳在一个池槽里历经腐烂过程，则抗腐烂的纤维保留下来，再经清洗和干燥处理即可上市交易。然后，这种纤维可经机械编织加工成为粗毡板。防火性通过加入硼盐得以改善。椰茧纤维保温隔热是以垫、板或沥青印压成椰茧垫的形式提供使用的。优点：隔热和隔声非常好；防潮；天然抵抗腐蚀，虫害和昆虫；扩散排气；纤维高弹性；形状稳定；嗅觉中性；无静电产生；生态无瑕，因为原料可再生。缺点：易燃；难加工；用硫酸铵可能刺激皮肤和眼睛；单轮作物种植；运输路途很长。应用领域：外墙：后通风外隔热，木支柱间隔热；屋顶：坡屋顶椽上、椽下和椽间保温隔热层；轻体建筑：（隔断墙/盖板）木柱间和木梁间隔热。特性：导热系数 λ＝0.045～0.05W/(m·K)；防火等级 B3；水蒸气扩散阻力数 μ＝1；表观密度 50～75kg/m^3；材料厚度 4～10cm。

图 2-38 大麻垫

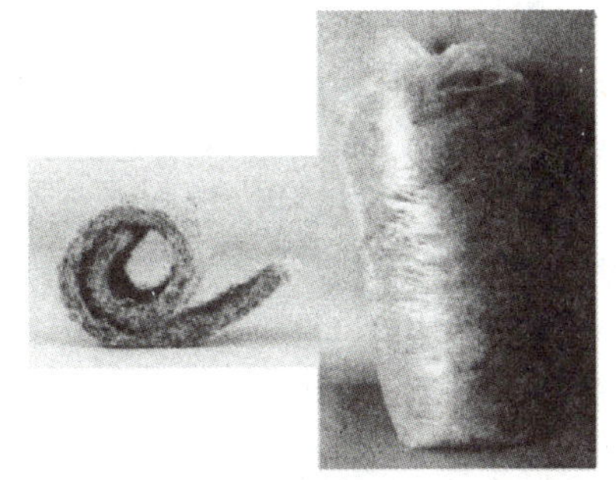

图 2-39 椰茧纤维垫、椰茧纤维棉

2.3.2.16 毛细管隔热板、钙硅酸盐板

毛细管隔热板或者说钙硅酸盐板是分层隔热板，其每一层均由具有高毛细管吸收能力的材料组成(图 2-40)。经常用多孔的钙硅酸盐，但还要有拒水层。这一毛细管高效隔热材料板主要用于墙内保温隔热，因为在外墙侧中间存储水会偶尔放出潮气。毛细管隔热板的较小扩散渗透阻力使室内收集到的潮气很快变干；因之，不再需要蒸汽抑制层或者蒸汽阻挡层。优点：隔声好；重墙内保温隔热好；高抗潮能力；抵抗菌类；高抗压以及形状稳定；不可燃；原料可再生。缺点：相比其他保温隔热材料较贵。应用领域：外墙：内保温隔热层，保温隔热复合系统。特性：导热系数 λ＝0.05～0.07W/(m·K)(0.06 最常见)；防火等级 A2；水蒸气扩散阻力数 μ＝2～6；表观密度 200～300kg/m^3；材料厚度2～10cm。

2.3.2.17 云母页岩

云母页岩是一种矿物质，经风雨侵蚀形成的天然原料。生原料经加热体积扩张 10～35 倍，在矿石片页结构中包含的结晶水被集聚地驱赶出去，则原料得以膨胀。市场中，有云母页岩颗粒和云母板(图 2－41)提供。云母还可以用于颜色或装饰辅料。优点：隔热、隔声非常好；无纤维；不可燃；嗅觉中性；不释放气体；健康无瑕；原料可再生、易储存。缺点：加工时可能生成于健康有害的粉尘；偶尔与沥青或硅胶打交道；运输路程长。应用领域：外墙：后通风外隔热，木支柱间隔热；屋顶：坡屋顶椽上、椽下和椽间保温隔热层；轻体建筑：（隔断墙/盖板）木柱间和木梁间隔热。特性：导热系数 λ＝0.07W/(m·K)；防火等级 A1；水蒸气扩散阻力数 μ＝3～4；表观密度 100～220kg/m^3。

图 2-40 钙硅酸盐板

图 2-41 云母板

2.3.2.18 真空隔离镶板(VIP)、真空隔热板

VIP-真空隔热板是由微多孔硅石酸或聚氨酯构成并用一种高度气体密封粘接箔片(包缠箔片)处理，然后抽空空气焊接而成的一个核心小室组成(图 2-42)。其核心材料经常由火成硅石酸生产，当然，还有其他也具有非常微空腔结构和多细孔的有机或无机隔热材料可供加工。这种粘接箔片的材料由不同类型箔片一起组成，承担气体密封和水密封等各种功能。可能的箔片层有复合铝箔片，金属蒸发箔片或多氧化硅(SiO_x)蒸发箔片。为延长真空隔热板寿命还置入气体吸收材料。优点：在小隔热层厚度情况下，可以得到非常好的隔热及隔声效果(特别适合老建筑改造)；特别小的导热系数(比一般隔热材料板的导热系数小十倍)；不可燃；寿命长；耐热。缺点：真空隔热板边缘(即复合铝箔片处)导热系数大；因为真空不能永久保持，在技术寿命期间导热系数渐升；应仔细设计，因为真空隔热板不能事后切割；对机械损伤十分敏感；内部材料不应释放气体；相对说来价格高(应考虑厚度小)。应用领域：外墙：内、外、夹芯保温隔热层，保温隔热复合系统，后横梁结构复合；屋顶：内隔热；实体楼板：地下小厚度，特别在更新改造工程；轻体建筑：(隔断墙/盖板)木柱，木梁间填充。特性：导热系数 $\lambda=0.004\sim0.010$W/(m·K)(0.006 最常见)；防火等级 A2；蒸汽密封；表观密度 150～250kg/m^3；材料厚度 2～3.6cm。

图 2-42 VIP-真空隔热板(左)，具等同隔热效果的纤维隔热材料层与VIP-真空隔热板比较(右)

2.3.2.19 小结

保温隔热材料起决定性作用的判别标准按照实际应用：热量传导能力；水蒸气扩散阻力；机械抗压性能；防火阻燃；温度负荷力；抗老化；环境协调共存的机能。

保温隔热材料分类：合成材料(泡沫)：如聚苯乙烯和聚氨酯；人造橡胶(泡沫)，橡胶类材料：如氯丁橡胶，EPDM 生胶；无机隔热材料：如玻化微珠和矿棉；填充物(填吹法)：如纤维素絮片和椰茧；有机隔热材料或动植物纤维制成的隔热材料：如亚麻和羊毛；真空隔热板(以箔片包装的保温隔热材料)：如 VIP-真空隔热板。

3　无源房屋的窗户

3.1　基本出发点

在无源房屋，窗户不仅用于房间采光还兼太阳能收集器的功能，以无源地收集太阳能平衡热损失。

图 3-1　无源房屋窗户
(照片来源：Technoform Glass Insulation GmbH)

然而，这里的目的并非不计代价地获取最多太阳能，我们的目标是使余下供热负荷尽可能地小。对于一个房子，应只需很少有源供暖(采用什么原理倒无关紧要)。在中欧地区，时值夏日和过渡季节(三月至十一月)无源房屋居住者实际上根本没有任何供暖需求；起决定性作用的是十二月到翌年二月。

进一步的天候问题激化了这一情况：这期间太阳辐射少，外面温度相当低，热损失很大。具有最好透光率的窗玻璃的典型传热系数：$U_{玻璃}=0.7W/(m^2\cdot K)$，至少 3～4 倍高于不透明的墙和屋顶，$U_{墙}=0.15W/(m^2\cdot K)$。为了无源地收集利用太阳能而放大装玻璃面积不可避免地导致较高的热损失。冬日时节，一个通过装玻璃产生太阳能热量收益和附加热损失的收支表则显得至关重要。

进一步考虑窗户本身：装玻璃面积上还可以吸收太阳光辐射；而窗框面积上则只有热损失，而且比不透明的墙和屋顶高许多，甚至于高过窗玻璃片不少。

根据这一考量，可清楚地知道遵循什么原则在无源房屋进行无源太阳能利用：

1. 透明面积的热损失同样也要保持小：装玻璃不仅要求高能量穿透率值；更重要的是低传热系数(U 值)；

2. 窗户周围附加热损失应当小。玻璃片边缘连接处和窗框等处热损失往往明显增加；

3. 用透明面积收集太阳能应尽可能作如下考虑：适合的朝向(朝南冬天最理想)；没有阴影；在正立面引入悬臂支撑面阻挡了阳光。如装玻璃不能起到收集太阳能的作用反会增加热损失。

总而言之，对无源房屋装玻璃窗的总体要求是：窗户面积上的热量所赢大于窗户全部面积上的传导热损失。

3.2 窗玻璃

在过去三十年，窗玻璃有了迅猛的发展(图 3-2)。

窗玻璃						
名称		单层普通玻璃	双层普通玻璃	双层热保护玻璃充氩气	三层热保护玻璃充氪气	三层热保护白玻璃充氪气
U 值 W/(m² · K)		≥5	2.5～3	1.1～1.3	≤0.8	≤0.8
g 值		0.85	0.76	0.63	0.49	0.60
年热量收支	热损失	460	220	120	45	45
	热所赢	100	85	80	50	55
	净所赢	−360	−135	−40	5	10
kW · h/(m² · a)						

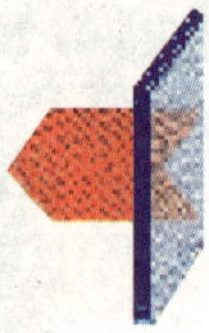

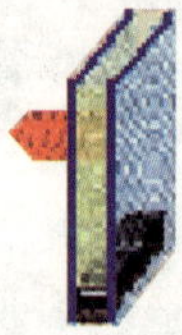

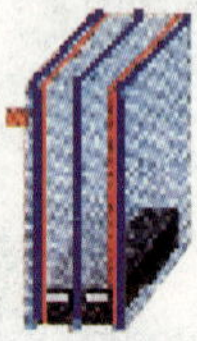

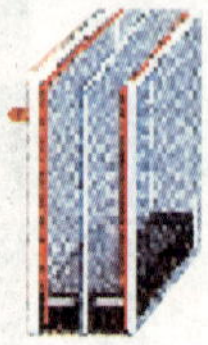

图 3-2 窗玻璃的进展：热损失越来越小和舒适度越来越高
(来源：ENERGIESPAREN 2009.4，69)

1. 1980 年以前，中欧大部分地区还只用 U>5W/(m² · K)的简装玻璃。冬天玻璃内表面经常结冰花。

2. 1984 到 1995 年，U 值为大约 3W/(m² · K)的普通双层玻璃很普及。热损失可减少一半，但内表面经常还会有结露。

3. 从 1990 年起，热保护玻璃(两层玻璃片，一片带有低辐射涂层且其间充以氩气，U=1.1～1.3W/(m² · K)的)市场日渐增长。随着于 1995 年修正版《热量保护条例》的实施，实际上所有新建和改造房屋均装此类玻璃(如今已占德国市场 90%)。然而，这种双层热保护玻璃尚不能满足无源房屋：其内表面温度可能低于 14.5℃；因之，在窗下方没有散热器时，显现有令人不舒适的辐射温差。

4. 如今，无源房屋普遍采用三层热保护玻璃，其中两片带有低辐射涂层，其间充以氩气或者氪气［U=0.6～0.8W/(m² · K)］并加极薄氧化银层以减少对流辐射。其内表面温度接近室内空气温度，窗下方的散热器便多余了。在中欧地区，朝南稍微遮阳地安装这种玻璃，即便在十二月到翌年二月，热量所赢高过热量损失。

多层玻璃间边缘热隔离是通过一个特制垫片(距离保持器)实现的。它由能与具有特别低热传导性能著称的人造材料聚丙烯共生的高级合金钢箔片制成，可以达至良好的热分隔(图 3-3)。

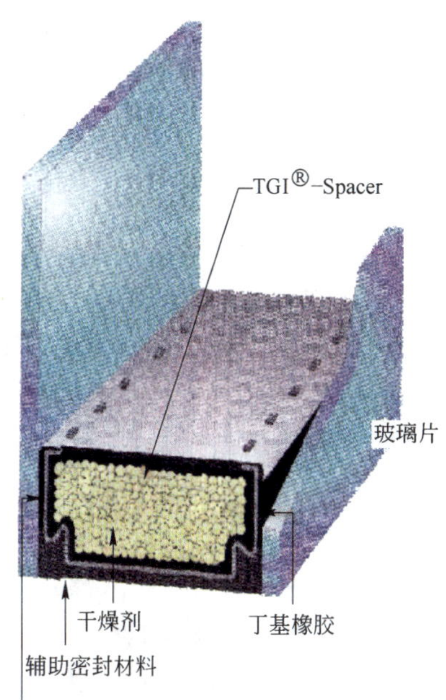

图 3-3 多层玻璃间垫片(距离保持器)的应用
(照片来源：Technoform Glass Insulation GmbH)

3.3 装窗玻璃

当太阳能热所赢和热损失之间的收支表导出后，余下供暖热负荷与朝南窗口部分之间的关系更显突出，详见图 3-4。这是对德国第一个无源房屋用动态模拟计算出来的，并经过实际测量证实。同样地，窗框阴影的影响；太阳辐射穿透窗玻璃与倾斜角度的关系以及热量穿透率的温度相关性都在计算中予以考虑。本图清楚地表明：无源房屋采用双层普通隔离玻璃没有纯太阳能所赢；即便在理想的条件下，用三层普通隔离玻璃，供暖热负荷仍无改善；如应用如今低能耗房屋普遍采用的双面热保护玻璃，改善也是微乎其微；采用高价的三层热保护玻璃，(氪气充之，称为“超装玻璃”)较大面

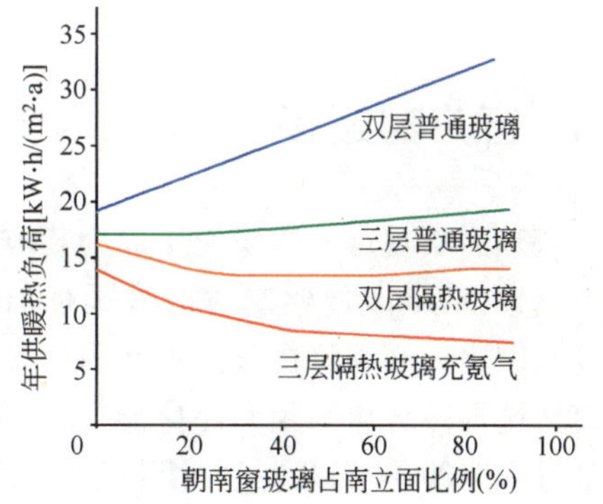

图 3-4 余下采暖热量需求与朝南玻璃窗面积之间的关系

积朝南，没有阴影，相对于全部用很好的不透明隔热材料保护的房屋，可使供暖热负荷再减半。从图 3-4 还可以看出：装玻璃面积为朝南立面总面积的 40%时，继续挖掘提供太阳辐射热量得以利用潜力的可能性变小。如双倍面积装玻璃，即从 40%增到 80%，能量节省渐成饱和状态。

另一个装玻璃的考量在于：对于同样面积大小的窗玻璃应尽量减少玻璃的块数，也就是说，尽量减少窗框面积所占比例。

结论变得很明显：装玻璃的质量比装玻璃的数量更重要。

3.4 窗框结构

如果采用糟糕的窗框且窗户周围有热桥存在，则使热损失陡增，太阳能热量所赢的正面效应会荡然无存。一般窗框的传热系数为 1.5～2.0W/(m^2・K)。每平方米热损失是超装玻璃之 0.7W/(m^2・K)的 2 倍以上。这主要是边缘连接处热桥所致。为使装玻璃之热量所赢不再因附加热损失而丧失，选择窗框的质量特别重要。图 3-5 将采用不同窗框的两种窗户作比较。

如图 3-5 所示，两个均采用无源房屋用超装玻璃(三层热保护玻璃加注惰性气体)。左边用一普通窗框，热损失系数为 1.1 W/(m^2・K)；右边窗户采用无源房屋-窗框，窗户 U 值可以低于 0.8W/(m^2・K)。这种高遏制热损失的框是为无源房屋开发的，特别加强了三层玻璃侧翼(图 3-3)和窗框间的密封。正是通过建无源房屋使得无源利用太阳能成为可能。

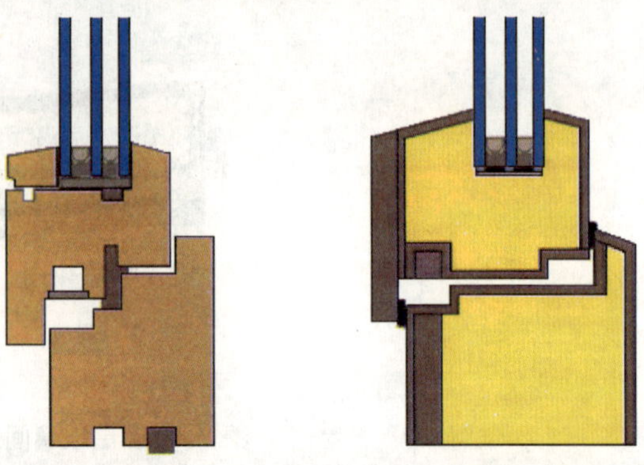

图 3-5 采用超装玻璃装于标准木窗框导致窗户 U 值为 1.1W/(m^2・K)(左)，装于特别高遏制热损失的无源房屋窗框导致窗户 U 值小于 0.8W/(m^2・K)(右)

满足无源房屋质量要求的窗框应能达到：装上 U 值为 0.7W/(m^2・K)的玻璃之后，整个窗户的 U 值可以低于或等于 0.8W/(m^2・K)。提出这一标准的依据直接来源于舒适度条件。伴随建筑项目进行，首先关注的是如何使一种进一步无热桥的窗户融入无源房屋外墙得以实现，如 3.5 节所述。

3.5 窗户的连接

依热力学观点，边缘连接成为装玻璃的最薄弱环节。很明显，当我们想象通常用的两边各借助 0.5mm 厚铝制薄板边框对 1m 宽窗玻璃边缘连接，铝薄板边框传递的热量相当可观。因之，必须将在此位置几乎成为“热短路”的炸弹去掉引信：替代这种用铝边框的连接，选择热分离的距离保持器(图 3-3)。为此，近年大量产品投放市场。在这个薄弱环节的进一步改善可以通过一个特别的窗框结构得以成功：无源房屋-窗框提供 10～25mm 边缘压搭。如是，通过“包裹”热桥变小。周边搭接覆盖的边缘连接和参考情况(铝制距离保持器，无边缘搭接覆盖)相比，热桥损失系数能减少 80%。

用一个通常标准的窗框装入三层热量保护玻璃与带有300mm厚热量隔绝复合系统的厚175mm石灰砂(KS)砖-外墙相连形成窗户与砖砌墙的外部连接——热隔绝搭接覆盖选择为零。窗户直接地坐落在外墙上形成一个很不好的连接。当外面温度为−15℃时，没有被干扰的玻璃内表面温度是大约16.8℃。但是，在接近玻璃边框玻璃内表面温度却降到只有5℃。另外，典型的窗框表面温度介于11～14℃，明显低于没有被干扰的玻璃内表面温度。上述较低的温度表明这些窗户的热损失高于采用了高质量玻璃所预期的情况。这样一来，在玻璃边缘结露水的危险性增大。完全令人失望的是在这些情况下导致有效窗户传热系数为1.8W/(m^2·K)(窗户外尺寸：高125cm，宽150cm)。对于更小一点的玻璃窗(<1m×1m)，有效窗户传热系数为2W/(m^2·K)。这样一来，装上高质量三层热量保护玻璃并没有发挥出其应有的优势。

图3-6是无源房屋窗户嵌入情形并用红外摄影照片显示温度分布。这窗户采用三层热保护玻璃借助于一个小钢板或角钢，同时落在一个木制支架上，装于外墙前。这样一来，窗户被恰当地置入300mm厚热量隔绝复合系统，并且窗框嵌入热量隔绝层68mm深。结果证明：有效窗户传热系数又回到0.8W/(m^2·K)以下。

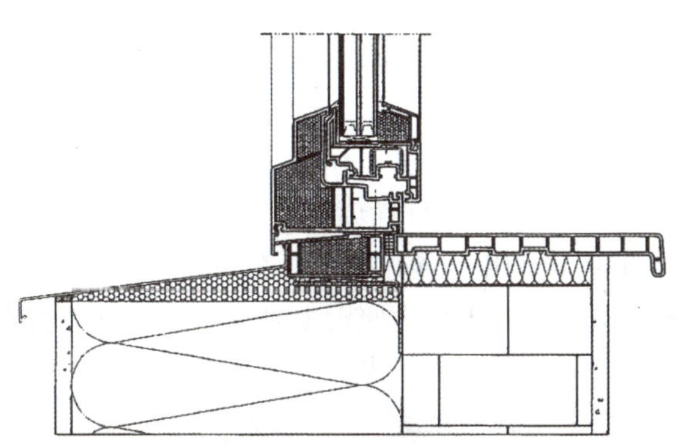

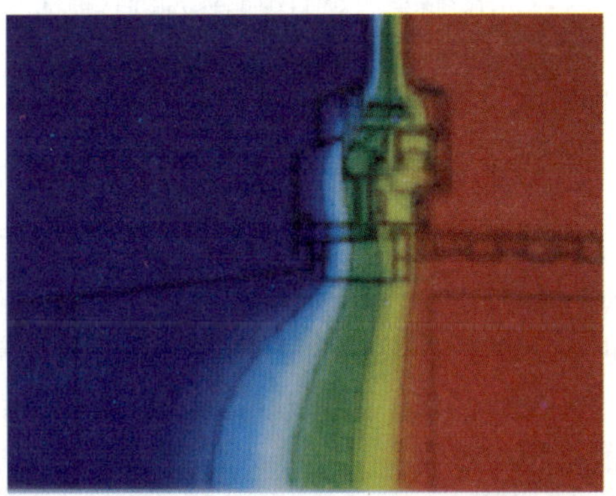

图3-6 热量隔绝窗框，置入隔热平面并附加隔热板
(照片来源：REHAU AG+Co.，Erlangen)

与装玻璃相关的建筑学造型作用空间还在于希望将部分的玻璃窗户固定下来。固定安装的玻璃可以完整地被集成入外围护结构保温层之中：似乎能自由地从隔热层浮现又在隔热层中隐去。这样就使窗玻璃边缘热损失显著地减少，以创造出更多的透明部分。要感谢设计师，应当给予每一个前立面足够开放的可能性，以期构造所希望的与外面的接触以及考虑夏季横向通风的可能性。

3.6 卷帘百叶窗和遮阳

3.6.1 卷帘式百叶窗

图3-7给出适合无源房屋的，无热桥，与墙集成一体的卷帘式百叶窗安装和温度分布。严冬夜间放下高隔热材料制卷帘式百叶窗，百叶窗履带和窗之间形成隔热空气软垫，可使窗户的传导热损失降低一半。

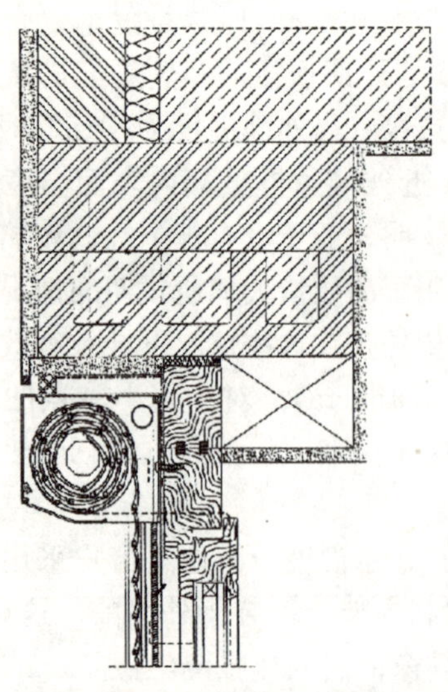
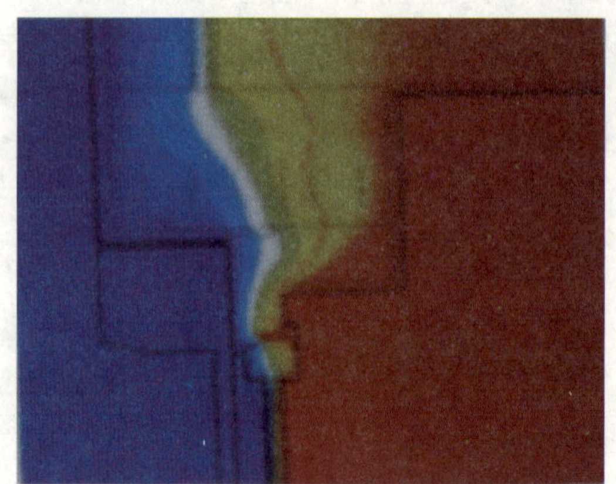

图 3-7 置于窗外的卷帘式百叶窗以及温度分布
(照片来源：Roma Rollladensysteme GmbH，Burgau)

3.6.2 遮阳

无源太阳热量所赢实际上首先在冬天有益。分析表明：采用朝南装窗冬日垂直照射的安排，收益较划算。但十分重要的是朝南玻璃窗在炎炎夏日亦安排合理。盛夏，日头高照，只有一小条光射入屋内，即进入屋内热量很少。用朝南窗户，内部小气候容易控制。但朝东和朝西装玻璃就不适合，冬天太阳能供应少，夏天反而照射太多且与朝南窗户相比遮阳比较困难。朝北开窗倒没有这些缺点，但冬天热量进入很少。尽量不开朝北窗，如开的话也应很小。

然而，在夏天朝南大玻璃窗也应当考虑遮阳，特别是在没有安装卷帘式百叶窗的情况下。朝东和朝西装玻璃，遮阳更是不可或缺。有多种多样的遮阳选择，以满足如下要求：室内小气候控制；防止刺目晃眼；调节光线；经济实用。

3.7 无源房屋窗户的小结

对无源房屋装窗户，总结一下：朝南；极少遮挡；装三层热量保护玻璃；所占窗户尺寸比例适当的超级热量隔绝窗框并坐落在墙体隔热平面上；安装卷帘式百叶窗既能保温又能遮阳。

依照下列标准，无源房屋装玻璃可以在中欧地区的寒冬使室内太阳得热大于由于窗户产生的热损失。即便在严寒期玻璃内表面温度仍然保持足够高，既没见有迹可寻的辐射热抽取，也没有形成干扰对流滚动。

无源房屋装玻璃舒适度标准：$U_{玻璃} \leqslant 0.8\text{W}/(\text{m}^2 \cdot \text{K})$
无源房屋装玻璃能量标准：$\{U_{玻璃} - 1.6\ [\text{W}/(\text{m}^2 \cdot \text{K})] \cdot g\} < 0$

4 热　　桥

建筑物外围护结构不仅仅由通常建筑构件（如墙体、屋顶、地板）构成，还包括棱角、边缘、连接点和穿透处。在所有这些地方，热损失相对于面积总和而言会更高。通过仔细设计和精心施工可使热桥的热损失大大减少。

4.1 热桥的分类

热桥可区分为几何热桥（比如角落——外表面积大于内表面积）和结构热桥。结构热桥是不适宜的结构产生的：如一个阳台的平面没有和混凝土地板做热学上的绝缘（最好采用一个热绝缘的支架）；这种“冷肋骨”的热损失是非常可观的：这种由于结构上穿透热围护外壳的结构热损失（结构热桥）必须在无源房屋中得以避免。

图 4-1(*a*)和(*b*)分别给出几何热桥和结构热桥温度分布的例子。

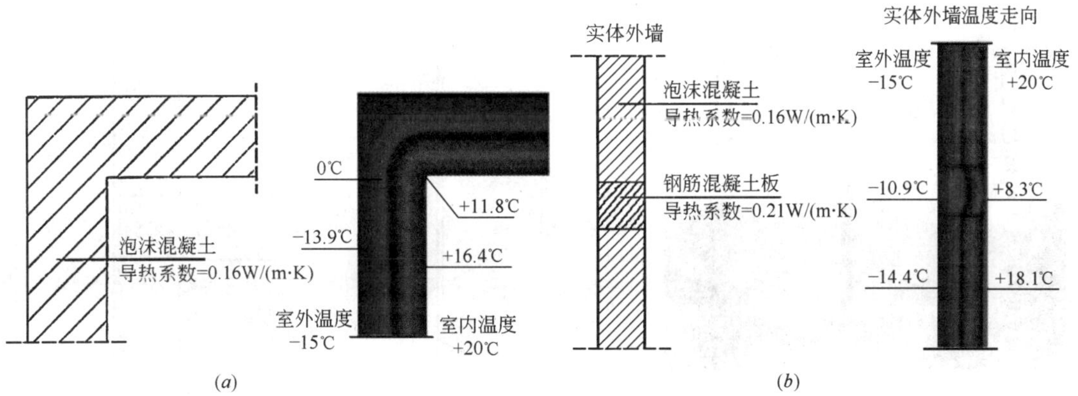

图 4-1(*a*)几何热桥-温度分布举例；(*b*)结构热桥-温度分布举例

（来源：“Passivhäuser” by Adolf-W. Sommer © Verlagsgesellschaft Rudolf Müller GmbH & Co. KG, 2008 Köln, Germany）

4.2 减少热桥的规则

有四个规则可以帮助减少热桥：

1. 避开规则：尽可能不要破坏或穿透外围护结构；

2. 击穿规则：当破坏或穿透外围护结构在所难免时，应使外围护结构上的热穿透阻力尽可能地大，比如，可用多孔混凝土；

3. 连接规则：确认保温层在建筑部件连接处全无间隙——整个平面相接；

4. 几何规则：必要棱角处选择钝的角度。

除此之外，在设计图中用粗铅笔以最小保温层厚度(无源房屋 25cm)划出外围护结构——全部无间断地环绕保温层。

4.3 典型热桥举例

在设计无源房屋时，要求对所有可能产生热桥的地方仔细考虑安排，以期能量介入最小并且技术上和生态上均达至最佳。

图 4-2 显示在一座房屋可能产生热桥的地方(红圈)。

围绕建筑物的减少热桥措施：

1. 圈梁，混凝土楼板穿透外墙导致热桥，尽管两面均有隔热层。采用一个连续的同样厚度的(25mm 厚聚氨酯硬质泡沫)隔热层或者说一个所谓核心隔热层可以避免这一薄弱点。图 4-3 示出对于圈梁(左)和混凝土楼板(右)的应用情形。

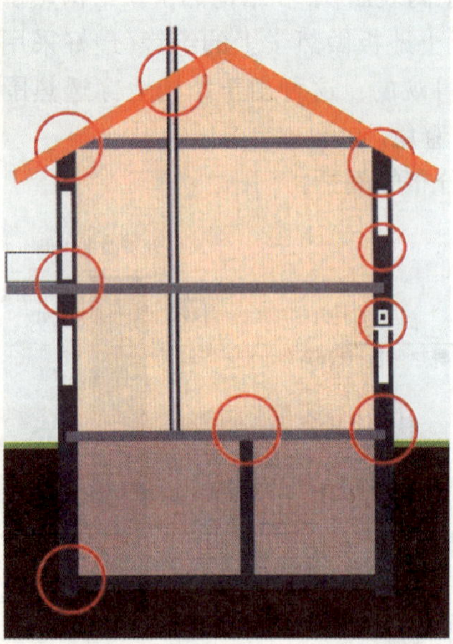

图 4-2　可能产生的热桥(见红圈处)
(来源：ENERGIESPAREN 2009.4，60)

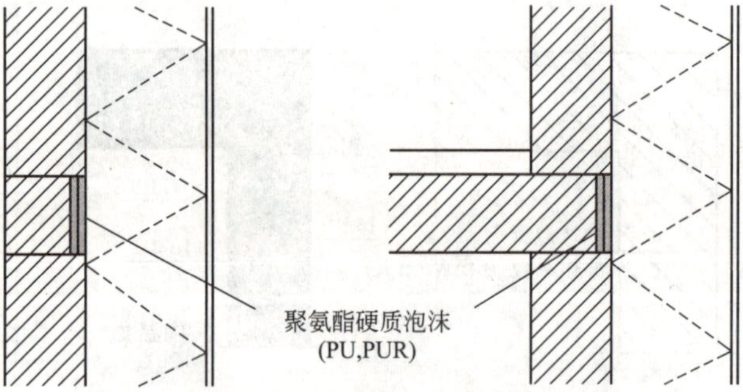

图 4-3　有圈梁(左)和混凝土楼板(右)时，核心隔热层的应用

2. 突出的建筑几何体应当完全安排在隔热区域之外，以期和建筑主几何体在能量上彻底分开。这里可以用一个静力学挂件，以使建筑的外保温隔热层不被其固定件穿透。

3. 建筑的柱基区域很容易产生热桥。比如说地下室盖板的地下室一侧隔热(以期将无源获得的太阳能存储起来)，人们却不能连续不拐弯地建构。外隔热层一直过地下室地板以下，防止产生热桥。在 2.2.7 和 2.2.8 中，特别是图 2-17 和图 2-18 给出了详尽描述。

4. 一个冷地下室盖板(也就是说它只是上表面隔热)，当在它上面落上含砂石多的砖内墙高导热时，则导致一个连续的热桥。要想减少热损失可以采用导热差的泡沫混凝土。在 2.2.9 和 2.2.10 中，特别是图 2-19 和图 2-20 给出了详尽描述。

5. 没有隔热的拱腹窗樘会产生很严重的热桥。为避免这样，这拱腹形窗樘必须很好地隔热——置于墙的隔热平面之中，并且在它的前面也包裹隔热。图 3-6 详尽展示了固定安装的玻璃可以完整地被集成入外围护结构的保温层之中，并附有红外摄影照片显示其温度分布。

6. 卷帘式百叶窗盒应当有一个内隔热层。这样一来，卷帘式百叶窗能量上置于建筑之外。图 3-7 详尽展示了这种置于窗外的卷帘式百叶窗以及温度分布红外摄影照片。

7. 隔热层滑动异位导致热量损失，应当正确地粘贴或机械上固定。金属固定锚件穿透隔热层应当进一步避免，以防止产生热桥。

4.4 无热桥结构

无热桥建筑结构阻挡了热损失，使通常建筑构件提高了内部的热量保持能力。与此同时，也能防止潮湿漏水隐患和因此引发霉菌对建筑物的损害。

在目前发表的关于热桥的标准文件中，并不是按照外尺寸而是选择内尺寸作为参照，因为参照内尺寸使得将热损失划归单独房间成为可能。这一信息在参照外尺寸时则不灵了。然而对于实际需要而言，采用内尺寸作为参照变得令人混淆，因为一些“通常”情况是人为造成的热桥。比如，一般内墙的进口往往挨近外墙。因为参照内尺寸之故，与此相关的外面积并没有被考虑进去，于是这种影响就出现了：选择内尺寸作为参照时的热桥损失系数在大多数情况下比参照外尺寸时大许多。在实际设计无源房屋外围护结构保温层时，我们仍然依据参照外尺寸的传统。这样一来，计算相当简单。然而，将热损失划归单独房间来估计每一房间供暖负担的信息则丢失了，但这对于无源房屋而言，无论如何意义不大。在采用参照外尺寸时，常常出现热桥损失系数变成负值，特别是对于外突棱角，而且几乎总是这一结果。这时候，热损失仅按通常面积近似估计。这“负值”热桥损失系数经常出现可以在某种程度上用其他热桥(如窗户连接)来补偿。

总体热损失通常是用在各个面积上的热损失($U \cdot A$)与热桥效应之和来规范。因为点接触的贡献一般没有意义，后面不予考虑。

“无热桥结构”定义如下：由经“热桥项”给出的贡献很小或等于零。热桥损失系数在计算中不予考虑，则总体热损失的计算变得特别简单：可仅用所有($U \cdot A$)的和来估计。

考核“无热桥结构”的定义提供了对所有细节必须多方位予以计算的要求。这也意味着要简化“无热桥结构”的标准。作为第一步，这些细节必须从一开始就依照

$$\psi_a \leqslant 0.01\mathrm{W/(m \cdot K)}$$

对“无热桥”来进行分类。这里 ψ_a 是采用参照外尺寸的热桥损失系数，即这是基于 1m 长和 1 凯尔文 [K] 温度差的通常热量损失。热桥损失系数小于 0.01W/(m・K)总可以认为是正的贡献，无论如何可以算作“可以忽略地小”。除此以外，通过其他的连接处在可知的范围内的余下热桥贡献提供对负热桥损失系数的补偿。这一条件适合所有结构：连接处，外突棱角，和在通常面积上的单独干扰。在超过 2m 长外建筑部件上每平方米通常面积出现规律性干扰时，必须按照通常导热系数考虑(如木质或板式结构内有规律性的长梗)。

4.5 无源房屋无热桥设计要点和执行提示

1. 在无源房屋，必须整个建筑外围护结构被热量隔绝层无一疏漏地包围住。这一密

闭隔热层应尽可能地各处厚度均匀且质量同一。

2. 热量隔绝层由不同建筑部件之间碰撞缝最好具同一厚度；如果一结构件要求厚度小，它应当有同样的热传导能力。

3. 为禁止热量泄漏，必须整个建筑外围护结构密封。

4. 应避免穿透隔热平面。

5. 如若要求结构件外突的建筑部件，它应当是热分割的。最好是避免外突出。

6. 如若要求安置阳台，应当安装成自承重移前的构件。

7. 应用卷帘式百叶窗盒应置于隔热平面之外；否则的话，百叶窗会成为最容易产生热桥的地方，如下面热像图所示。

图 4-4 百叶窗成为最容易产生热桥的地方
（照片来源：FLIR）

8. 房屋入口大门处，应提高隔热保护级别。

9. 在隔热层室内一侧设计一分开的安装平面。

5 密　　封

5.1 建筑物密封

建筑物外围护结构必须是密封的。尽管如此，外围护结构的任何其他特性都没有这一特性引人争议。为解释这一点的核心，我们的介绍从一个瑕疵引发的后果展开。这一瑕疵——裂缝，会引起建筑物足够的进气和出气。这一穿过裂缝的空气交换随着风压和温度的驱动在特殊范围变化：本身很不密实的建筑在中等风时已经有可观的吸气；当风停下来，空气交换却没有多少——裂缝通风并不令人信服。通过裂缝通风有几个缺点：当空气从外部流向室内，在风压的迫使下向建筑结构件吸气；如若空气从内部向外部流动，则后果更不堪设想——温暖潮湿的室内空气通过裂缝变冷，但不再保持原有湿度，因为冷空气中只能含有少量水蒸气。多余的水蒸气借助缝隙交换出屋，导致结构件受潮。正如上面讨论，这种对流传递导致更多水分凝结在建筑部件上。尽管大部分为无害蒸汽扩散，相当高比例的建筑损伤却是由不密封的建筑物外围护结构引起的。当然，裂缝的其他缺点是热量保护不好，造成很大的热损失。

因为缝隙是不可利用的，“通常的”建筑外围护结构必须密实。在无源房屋中，密封应做到无可挑剔：必要的空气交换在这里应当只通过通风设施来完成。缝隙通风必须废止，不然的话，导致热损失急剧提高。这是因为从缝隙跑出的热量不能被回收。

5.2 密封评价标准

1. 基于密封考虑，在外建筑部件的选用和处理上应当注意：

① 墙体：内部灰浆无断裂点；

② 屋顶：用刨花板或者蒸汽抑制箔片；

③ 地下室和第一层之间：混凝土盖板；

④ 窗框：在外墙密封平面上采用可以覆盖抹灰砂浆层的粘贴带封接。

2. 密封外围护结构包围的采暖空间作为完全封闭的地域。这一内部空间应沿密封平面用红色指示粗笔全部闭合地在图上凸现出来。

3. 密封平面上应当考虑：

① 所用材料的密封性；

② 所用不同材料之间并不一定相互融洽(比如说要选择对密封带适合的粘贴材料)；

③ 所选用密封材料的长期可靠性：如考核其耐潮湿和抵抗紫外线照射的能力；

④ 密封层一般总是被安置在室内一侧(隔热平面内侧)；

⑤ 注意加工的校准线；

⑥ 确保裂缝侧面干燥，无灰尘污物；

⑦ 然后用能透过细孔的材料喷涂粘接。

5.3 构件的连接和过渡

当密实的结构件被选出之后，密封的重点则应放在它们之间的连接。在设计时，应注意如下建议：

1. 全部细节尽量设计得能简单实现；

2. 尽可能使大闭合面由可靠且在实践中可行的基础构件组成；

3. 优先考虑连接处的密封可靠；

4. 自始至终，避免穿透密封外围护结构。

根据经验，最大的困难出自穿透密封平面。因此，应尽量避免，或尽少考虑；不得不做的地方应严格限制。通常用的建筑泡沫(如PU泡沫)和砂浆难以针对穿透处密封处理长期奏效。工业界提供越来越多简单而且花费合理的手段和方法：如用作穿墙管的密封安装盒和特别的密封垫套。图5-1显示一种穿墙管密封涨圈垫套的应用情形。

图5-1　穿墙管密封涨圈垫套的应用
(来源：www.luftdicht.de)

5.3.1　抹灰

传统砖砌实体墙的足够密封可以通过带有无断裂点的内部灰浆做到。这抹灰层应当从上到下，即从清水屋顶到清水地板无一疏漏，楼梯间亦是如此，特别是在平常不太为人注意的角落：门的开缝侧面也应当抹灰，以防可能的不密封问题发生；在山墙、弯管、过渡墙，女儿墙等处容易密封处理不好，亦应仔细全部抹灰。

窗胸墙(栏杆)在安装窗户前应当用沥青或砂浆填实，有助于以后密封地安装窗户。浴缸、淋浴、洗脸台等在安装之前，外墙必须预抹灰。还有通风道安装区域也要如此处理，否则以后不易修补。

地面层的地板预制件应当将所有裂缝和空洞填实或预抹灰。燃气开关箱或配电盘预留空间应当在安装前将所有面都抹灰，安装后存留的狭孔和槽口用灰浆填实。

5.3.2　粘贴

木结构件(如木椽屋顶)也将被密封处理：如用一个聚乙烯箔片贴在热量遏制层的房间一侧，以替代蒸汽抑制和阻挡层。箔片有双面丁基粘接带可持久可靠地粘住窗户和混凝土构件以使其达至密封。

粘贴箔片应该仔细操作：贴箔片长度应足够抹灰覆盖，避免错误地折损。边角处经常容易出现不干净的粘贴和互相覆盖叠层，要确保密封贴实或焊接在一起。粘贴箔片时要施以适当的压力并且靠压在一个固定的基础平面上。如不具备这种条件，外加一个附件。在蒸汽抑制层前的一个安装平面可以制止很多可能的错误。

如果采用上述解决办法为时已晚的话，对这些小的不密封处可以用特别的双元素泡沫粘贴。通常的建筑泡沫甚至于硅树脂也不适合确保永久密封。

5.3.3 扩散渗透开放

下面分析扩散渗透开放和不密实之间的区别。墙的扩散渗透开放性和建筑物的不密实性并不是一码事。尽管按密封的要求一座房屋应该扩散渗透开放，以期能使结构件中可能发生的潮湿变得干燥。然而，扩散渗透是一个很缓慢的过程，它和建筑部件中空气的流量没有关系。如果隔热层有空气流，隔热层则不再起作用，因为此时热量将随空气溢出而离开房屋。另外，潮湿的热空气将在结构件的冷端凝结成露水而进一步损害建筑物。只有在很不密封的房屋通过裂缝进行空气交换。这样的房屋消耗能量很大而且室内小气候非常不舒适。

无源房屋是只通过可控通风来“呼吸”的，而不是通过墙。隔离的隔热层使正常的扩散渗透成为可能。只有一些特殊的材料不能扩散渗透如挤塑聚苯乙烯(XPS)或泡沫玻璃。隔离的目的是减少从房屋流出的热量，减小能量需求，而不是阻止借助扩散渗透达到的潮湿交换。

5.4 典型的结构问题举例

1. 缺欠的抹灰砂浆覆盖以及不足的密封箔片粘贴经常导致严重的空气疏漏。图 5-2 的热像图显示窗户下方密封平面处密封箔片粘贴不足导致疏漏而让冷空气流入。

2. 密封箔片粘贴在实体墙内抹灰的过渡是对无源房屋外围护结构保温密封层重要贡献。具体实施必须经以经验丰富的专业工作为前提，这是因为这一区域出了疏漏问题以后很难查找定位，将花费巨大。

一个清晰的密封箔片粘贴在实体墙内抹灰的过渡可以通过一个被称为连接带的来达到。通过粘接这连接带可以被长久地固定在墙上，然后密封箔片和这粘接条带连在一起。随后，经加固编织网抹灰覆盖。

3. 密封平面到实体墙的过渡：密封平面是借助于一个抹灰层下的抹灰承载器实现的。抹灰承载器使灰浆长久地覆盖在密封箔片上。

4. 窗框的连接：无源房屋的窗框必须是密封的和防渗透的。不然的话，在这过渡区域将可能生成巨大的热泄漏。往往这里有结构上的问题：通常建筑物中窗框借助于建筑泡沫安装入位。而建筑泡沫既不密封也对扩散渗透开放。一个解决问题的办法是用一个预制的且和这窗户正合适的连接“围裙”或者将密封箔片引入然后再抹灰盖严。图 5-3 简单描绘窗框与实体墙体内灰浆层的密封连接。

5. 密封平面被穿透：比如说被电线管穿透，必须不产生空气泄漏。适合各种不同类型和线径的电线管穿透预制器件在市场有供应。

图 5-4 示出的热像图表明电源插座出来的空气流来自地板由经墙体中电缆线的缝隙导出。墙体中电缆线的缝隙是用“干抹灰”填塞过的空间。

图 5-2　热像测量显示窗户下方密封箔片粘贴不足导致密封被破坏
(来源：www. luftdicht. de)

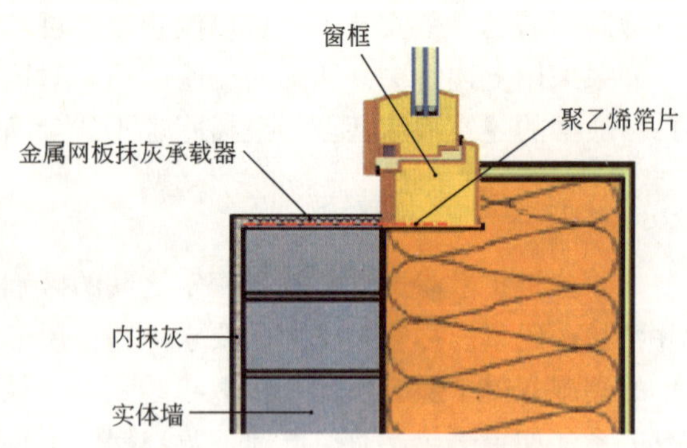

图 5-3　窗框与实体墙体内灰浆层的密封连接

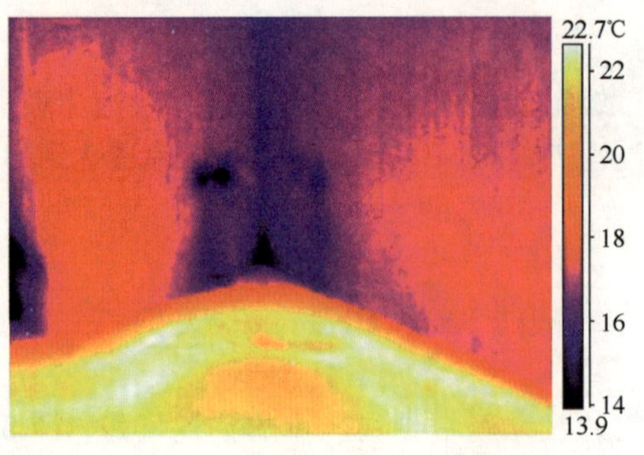

图 5-4　电源插座热像测量显示密封被破坏
(来源：www. luftdicht. de)

5.5　无源房屋密封设计要点和执行提示

1. “整个无源房屋被一个密封层无一疏漏地包围住”这样一个密封的概念必须涵括在无源房屋的设计之中。

2. 对于密封的专门应用，必须将所有可用的材料经生产商允许带到此应用中来。

3. 被带到此应用来的材料必须彼此之间和谐一致。

4. 墙体的密封必须以抹上灰浆为前提。

5. 在密封层的房间一侧应当安置一安装平面。

6. 在内外挂装前，所有连接处都要仔细考核检查。

7. 建造期间，密封的考核可以用一个“风扇(机)-门-测试”来进行。这时候，密封层和各个连接处尚可触及处理并且窗户和门已经安装到位。详见 7 质量保证。

6 建 造 技 术

6.1 关于无源房屋建造技术

6.1.1 对无源房屋建造技术的基本要求

建造无源房屋最终目标是降低对原始能源的需求。如同上述，无源房屋对能源的需求仅为既有建筑的十分之一。这主要是通过大大减少传导热损失和降低通风热损失来实现的。与此同时，无源房屋提供了高舒适度(见 1.3.3)。依现在技术水平，无源房屋的建筑外围护结构已经达至最佳化(详见第 2～5 章)，供热负荷已是如此之小，完全可以放弃通常的供暖系统。尽管无源房屋热水制备热量需求尚与既有建筑相同，采用各种不同类型的能量供应技术以满足无源房屋能量需求仍是一个重大任务。

这里引入无源房屋建造技术的概念，意味着：所有建造的设计，设施和器材都是以低能耗为出发点。对于无源房屋一个特殊之点在于：只有高效的机械和排气热回收介入时才能减少通风热损失。然而，由于无源房屋的热传导损失很小，热水制备在全部热量需求中的比例远高于一般低能耗房屋；另外，减少家用电器和照明用电需求亦是另一值得关注的焦点。

因之，无源房屋建造技术设施的基本任务是承担剩余供热负荷，热水制备以及确保通风设施的能量供应。同时达到高效热量回收率，以期建筑物内部热量所赢尽量少地再跑出。

6.1.2 影响供热负荷的相关因素

图 6-1、图 6-2 以及图 6-3 分别显示无源房屋供暖热负荷［(kW·h)/(m^2·a)］和如下三个参数的相关性：不透明建筑外围护结构的传热系数［U 值，单位 W/(m^2·K)］；室内设定温度(℃)；以及朝南窗户占南墙面积比例(%)。

当然，上面展示的无源房屋供热负荷与三个参数之相关性的基础是：完整的建筑外围护结构，没有热桥。从图 6-1，图 6-2 以及图 6-3 还可以看出：不透明建筑外围护结构的传热系数(U 值)0.1W/(m^2·K)；室内设定温度 20℃；以及朝南窗户占南墙面积比例 50～70%为最佳。

因为在无源房屋热水制备在全部热量需求中的比例很高，往往对全年电耗的升降起到举足轻重的作用。

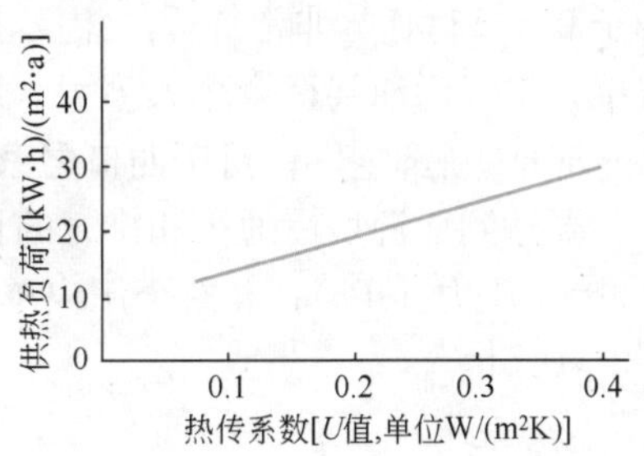

图 6-1 供热负荷和不透明建筑外围护结构传热系数的相关性

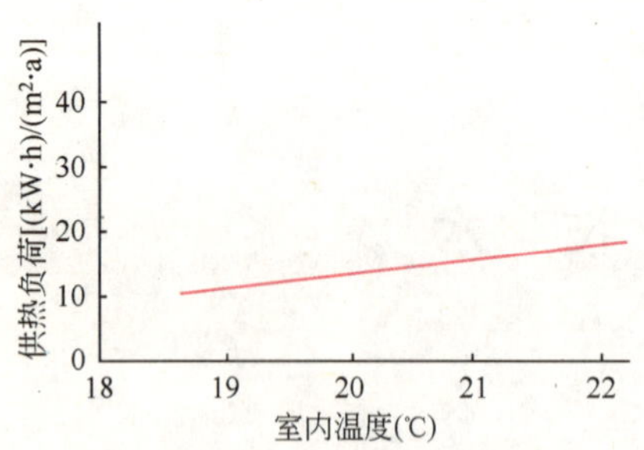

图 6-2 供热负荷和室内设定温度(℃)的相关性

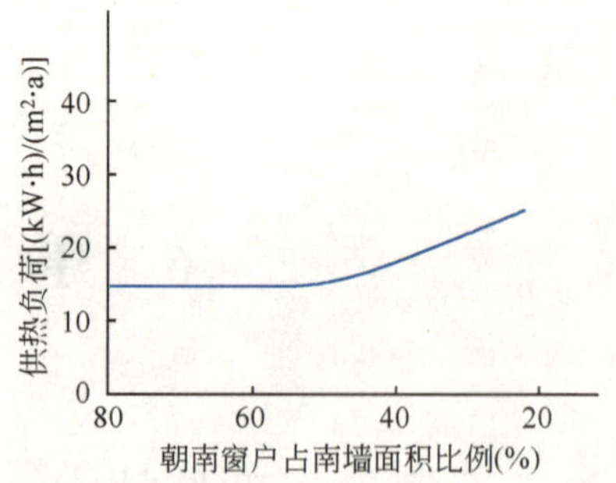

图 6-3 供热负荷和朝南窗户占南墙面积比例(%)的相关性

注：图 6-1、图 6-2 以及图 6-3 来源于"Passivhäuser" by Adolf-W. Sommer © Verlagsgesellschaft Rudolf Müller GmbH & Co. KG, 2008 Köln, Germany。

6.1.3 无源房屋建造技术要点

1. 无源房屋通风设施应当具有高热量回收率(大于 80%)；
2. 应用地热资源预热新鲜空气不仅节省热量而且防止凝结水结冰；
3. 后加热能量承载者以热泵最为高效，常和太阳能设施结合供剩余供暖热量需求以及热水制备。

6.2 无源房屋通风和排气

6.2.1 对无源房屋通风和排气的基本要求

无源房屋通风和排气的目标在于——以少的能量消耗，满足空气交换卫生方面的要求并且得以最多热能回收。与此同时，使用者的舒适度不受限制。因之，应找一个专业造诣高的工程公司设计、咨询，安排通风排气设施，确保每一用户单元的所有房间得以所需新鲜空气量和空气交换；提供有效的控制调节技术；关注防火，隔声方面的对策。

6.2.2 空气交换

CO_2 含量是反映室内空气质量的重要标志。公众普遍认可二氧化碳在空气中的含量小于 0.1%时感觉非常舒适。相反，室内空气中 CO_2 含量过高会使人感到疲乏，精神不能集中，空气污浊甚至会令人窒息。因为人本身也是重要的二氧化碳源，每人每一小时需 25～30m^3 新鲜空气；对于四口之家的住宅，每天新鲜空气需量为 2000～3000m^3。

要达到无源房屋通风和排气的目标，前提是：一个建筑外围护结构的空气密封：$n_{50} \leqslant 0.6h^{-1}$(压力 50Pa)；和整个用户单元得到所需空气流量，以期得到舒适的空气交换率：0.3～0.5h^{-1}。

6.2.3 系统安排

一座独家住宅通风系统安排如图 6-4 所示。

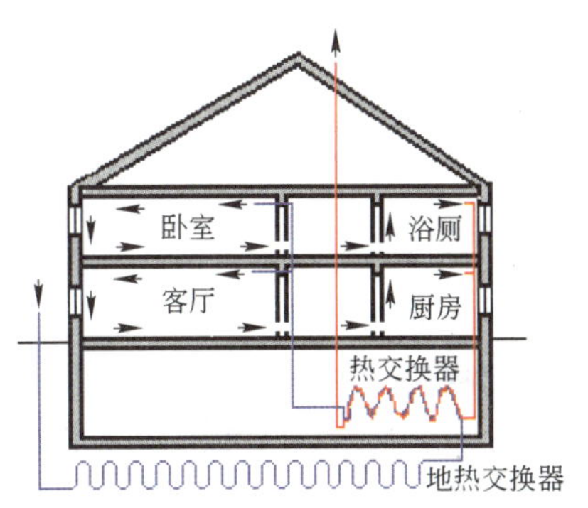

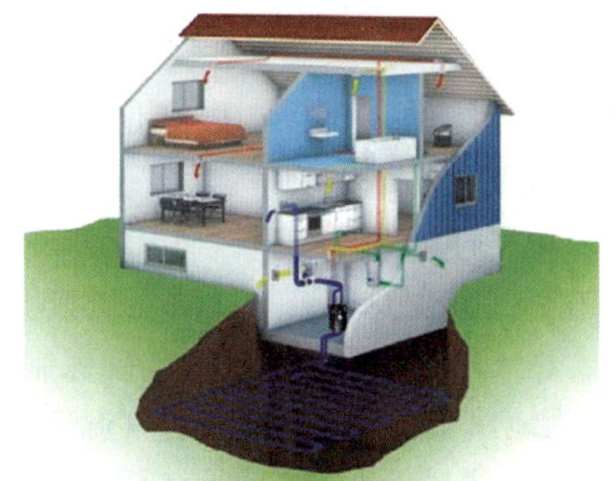

图 6-4　独家住宅通风系统安排示意图
(来源：www. villavent. de)

对于中央控制通风，新鲜空气经主要使用房间(办公室、客厅、卧房)恰当地借助于阀门或安置在墙上或屋顶上的喷嘴进行分配：新鲜空气遇到进气空间均匀通过漂净；没有形成路径；不对通风系统和室内舒适度构成任何干扰。排气房间是带有潮湿和气味的房间如厨房、洗澡间和厕所，空气应被吸净。强迫空气交换通过尽量少的能量消耗去湿，除二氧化碳和其他承载物。按照用途和对舒适度的期待，消声亦应在空气通道中予以考虑。根据建筑方式和现存通风系统的不同，系统安排及分配也不一样，图 6-5 给出(*a*)家庭住宅和(*b*)商业用房的安排举例。

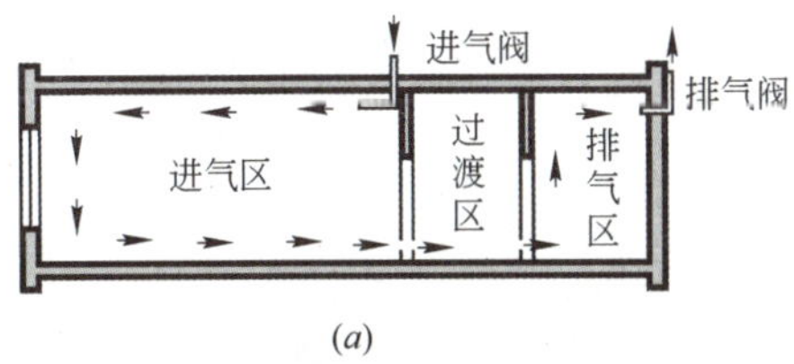

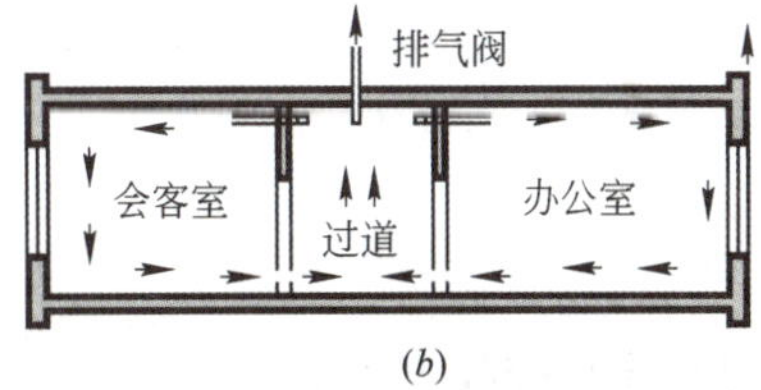

图 6-5　通风系统安排
(*a*)家庭住宅；(*b*)商业用房

在排气房间，所有空气集中于同一管道以期集总输送进入热交换器。这里，进入热交换器废气含热量的 80%交换给进来的新鲜空气，但二者没有混合。然后，废气作为离开气体由经管道排出建筑物。

通风确保室内水蒸气(特别是浴室和厨房等处)排出室外，室内湿度适中。

通风还可以排出有害物质和异味等。通风系统要定时清洗；进气管道须加过滤器(至少 F7)，排气过滤(F4)。

6.2.4　系统运行高效的要领

适合无源房屋的高效率通风设施可归纳如下几点：

1. 在外面空气温度−10℃时，在进气房间导入新鲜空气温度 16.5℃，再通过室内热量所赢使主体应用房间温度达 20℃。有时，夜间供暖仍在所难免。

2. 高效热量回收的实现不低于实验室研究值的 75%。通风系统控制调节电功率要小。

人工材料制管道网路尽可能短，密封(漏气少于3%)并隔热(热损失尽量小)，管道内部光滑，器件阻力小。

3. 调整和控制的高要求，以满足空气量准确调控。通常，调节可采用三阶段开关：50%，75% 和 100% 最大功率。

4. 声压水平保证客厅 25dB，功能房间 30dB 以下。

5. 室内空气卫生要求进气过滤器质量等级至少 F7，排气至少 F4。

6. 温度达－15℃的严冬时节，应确保制止热交换器进气口结冰。电热防霜采暖器可解决问题。如用地热交换器作预热，进气温度可达 0～5℃，则可免用电热防霜采暖器。

上述如是，通风低原始能量消耗可行。

6.3 地热交换器

这里谈到的“地热”通常还是指太阳对土壤温度的直接影响，仅限于离地表 10～20m 之内，而不是地球形成时产生的余热或地球内部放射性物质衰变向地表的涌动。这种太阳对土壤温度的直接影响往往能造成地下土壤温度和外面空气温度差高达 20℃。

在无源房屋通风系统使用的高回收率热交换器，常有由进气风扇的截流阀或开关控制的防霜保护。但是仍要带有新鲜空气预热，以防止严冬时节热交换器废气口处水蒸气凝结甚至结冰。通过地热交换器预热，即便外面空气温度低至－15℃，进入热交换器空气温度亦可达 0～5℃。

地下热交换不仅可以防霜还可大大提高冬天通风排气设备的效率；在夏天还可使空气预冷；增加整体系统效能和舒适度。

6.3.1 地热交换器类型

有两种地热交换器类型：

新鲜空气直接预热：地热交换器可用直径 150～200mm 人工材料管或水泥管，埋于地下至少 1.5m 深，则地下土壤的热量可供利用。通风排气所用空气直接来自这些管子中预热。即便外面空气温度低至－15℃，进入中央通风系统空气温度亦可达 0～5℃。土壤热交换器管路应有一坡度，至少 2%，即低端有排水可能。从长期可靠性出发保证凝结无损。直接预热地热交换器用管长度一般 30～50m，应做一次性洗刷清洁。需要时可两列或多列并排。到目前为止，瑞士进行的多个项目证实直接空气预热的经验是正面的：其进气管口加过滤器，去除灰尘，霉菌，有害物质。实验表明可使新鲜空气没有细菌生长和病菌带来的危害。通常每三个月更换过滤器一次。

新鲜空气间接预热：新鲜空气间接预热启用一个位于地下土壤中且充满盐水的热交换器。聚乙烯管道，对于一个独家住宅而言，埋于地下至少 1.5m 深环绕住宅两圈约 100m 长；然后，充以盐水并和翻转泵，调节单元，膨胀皿相连。这些盐水将导入一个热交换器。在进入中央通风系统之前的新鲜空气在这里与之进行热交换。这种新鲜空气吸收从地热所赢热量可被预热到 0～5℃。

无源房屋在夏日通风排气应注意：窗户玻璃遮阳以减小太阳照射及热扩散；机械通风排气不用热量回收(绕过回避)但经地热交换器使新鲜空气预冷。

6.3.2 地热交换器铺设要点

6.3.2.1 新鲜空气直接预热管道

1. 新鲜空气地下直接预热管道通常选用直径 150～200mm 人工材料管材焊接。
2. 直接预热地热交换器用管长度一般 30～50m，随情况而异。
3. 新鲜空气地下直接预热管道埋深度 1.5～2m，以确保不结霜。
4. 新鲜空气地下直接预热管道应有一个坡度，约 2%～3%。
5. 任一段管道应保持与建筑物至少 1m 的距离。
6. 铺设应尽可能选择能严实包裹管道系统的熟土，以期传热性能更佳。
7. 出现的凝结水以及在铺设管路做一次性洗刷清洁用水，对于有地下室的房屋在室内用虹吸管导出；对于没有地下室的房屋在室内用泵抽出。
8. 建筑位置大小决定新鲜空气地下直接预热管道铺设采用单管铺设(图 6-6*a*)还是寄存器铺设(图 6-6*b*)。

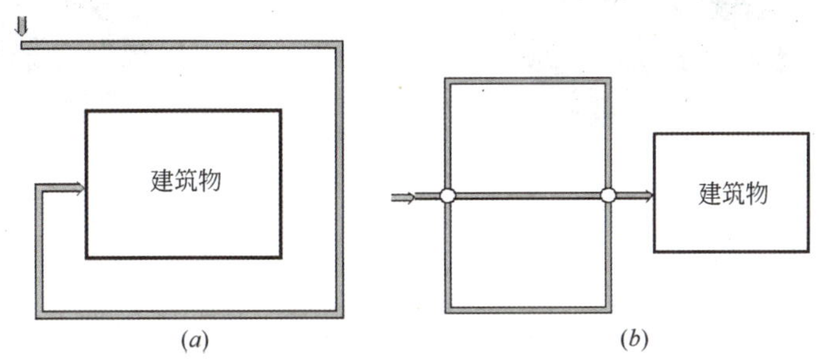

图 6-6 新鲜空气直接预热管道铺设
(来源：Ingenieurbuero Bauer-Solar，Esprehm)
(*a*)单管铺设；(*b*)寄存器铺设

6.3.2.2 新鲜空气间接预热管道

新鲜空气间接(盐水)预热运行简图示于图 6-7。

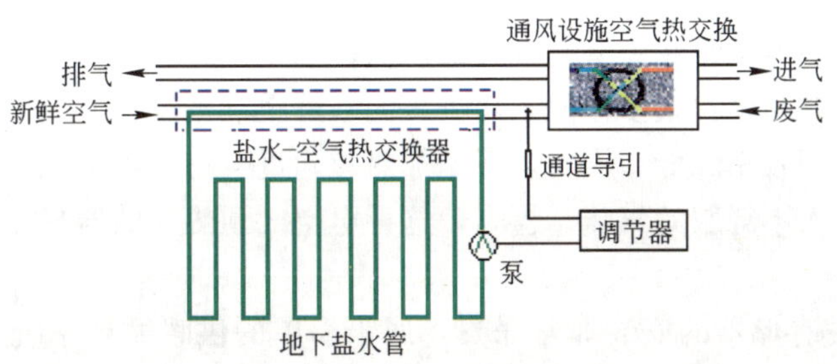

图 6-7 新鲜空气间接(盐水)预热运行简图
(来源：www.villavent.de)

1. 盐水管道通常选用易弯且十分稳定的直径 320mm 聚乙烯(PU)管做成。
2. 对于一座独家住宅，盐水管道用管长度一般 80～150m，与通风空气量要求和选用通风设施情况有关(管道用管长度=通风空气量要求的一半)。

3. 新鲜空气地下间接预热管道埋深度 1.5～2.5m，以确保无结霜。

4. 在通风设施空气热交换之前于其进气管口连接盐水—新鲜空气热交换器。

5. 盐水的需求量由集成在系统中的泵调节器来控制。

6. 建筑位置大小经常决定新鲜空气地下间接预热管道铺设，比如采用围绕建筑物(图 6-8*a*)，在花园场地下(图 6-8*b*)，或在地板下(图 6-8*c*)铺设。利用地下探针(图 6-8*d*)也可以。

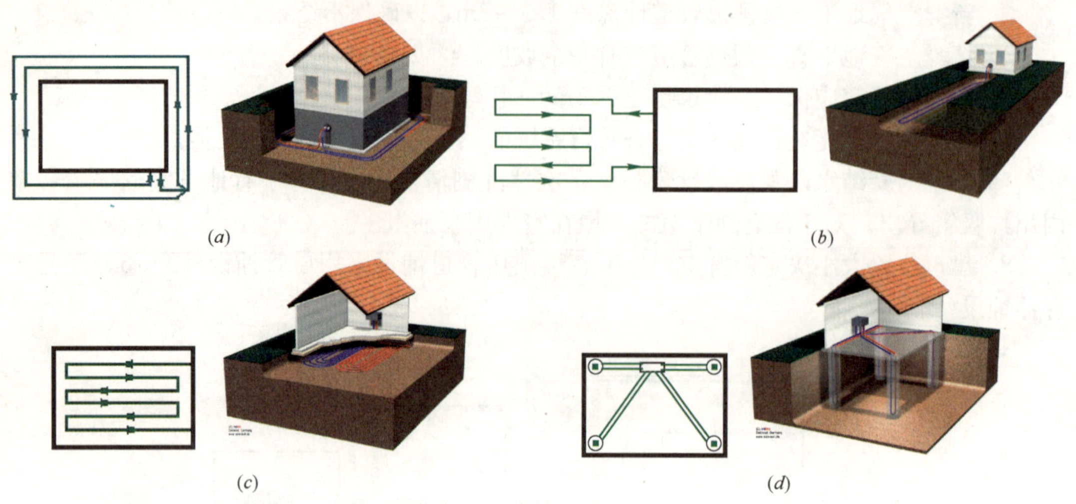

图 6-8　新鲜空气间接预热管道铺设

(来源：www.sole-ewt.de)

(*a*)围绕建筑物；(*b*)在花园场地下；(*c*)地板下铺设；(*d*)地热探针铺设

6.3.3　没有地热交换器的空气预热

当然，为了高效的通风设施能冬天防霜，新鲜空气预热也可以不用地热交换器。替代地热交换器的方法可以在引入新鲜空气的管道上安装电空气预热，或者连接到中央供热的热水-空气预热存储器。在无源房屋的设计和建造过程中，前面叙述的地热交换器空气预热的优点始终应在权衡考虑之中。

电空气预热存储器常常装备有空气过加热保护和空气量监测功能。然而，精确地调控空气预热存储器问题尚多：很多情况下，进入的新鲜空气被过度加热，遂导致耗电陡增以及通风设施的热量回收率降低。同时，在电加热丝附近会有灰尘颗粒膨胀，进入的新鲜空气流会产生一种令人不舒服的气味。再有，这种电空气预热存储器只适用于冬天防霜，不能用于夏天制冷。

热水-空气预热存储器的安装非常昂贵，属于房屋的供暖循环系统。这里，供暖热水循环的防霜-恒温器阀门按照空气通道的温度截流扼制供暖热水流量。同样，热水-空气预热存储器也不能精确地被调控。和电空气预热存储器一样，导致消耗煤气量陡增以及通风设施的热量回收率降低。此外，当夜里供暖泵功率下降，空气预热-热水必须泵出，往往导致泵控制和供暖设施出问题。

热水-空气预热存储器的更严重后果在于当供暖泵停止工作会有结冰的危险。整个建筑物供暖停顿。预防的方法是安装有防霜介质的采暖循环，但是价格太贵，不经济。

6.4 带有高效热交换器的通风设施

带有高效热回收的机械式通风设施对于无源房屋必不可少。这是因为通风热量需求减少了；同时，必需的空气交换也实现了。

6.4.1 高效热回收通风设施

一个无源房屋合适的通风设施简图示于图 6-9。

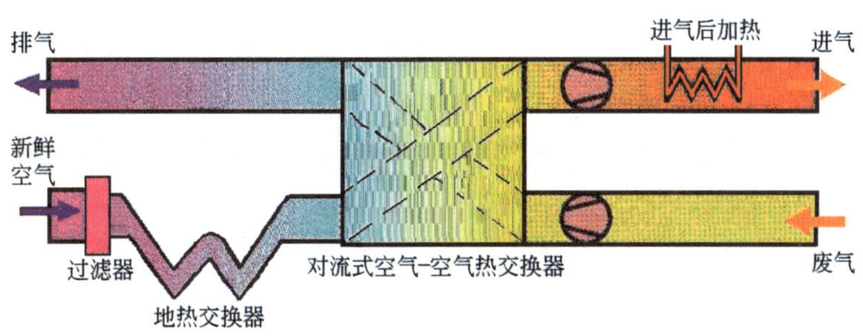

图 6-9 高效热回收通风设施

外面新鲜空气经过滤器以恒定流量被吸进地热交换器后再进入通风设施中心部分；同时，由厨房浴室产生的废气也被吸进通风设施中心部分。二者未经混合地进行对流热交换，传递了热量；但气味和有害物质没有传给被加热的新鲜空气。这样一来，确保了进入生活区域的进气质量。与此同时，另一个过滤器防止废气中的灰尘，肮脏颗粒进入热交换器，然后废气变冷排出室外。从废气中提取热量必须是高效的：

1. 进气的温度：≥16.5℃；
2. 热量回收率：≥75%(现今已有 96% 产品面市)；
3. 通风设施需电能：≤0.45(W·h)/m^3；
4. 确保室内空气卫生：外面新鲜空气过滤器至少 F7 级，废气过滤器至少 F4 级。

6.4.2 对高效热回收通风设施的附加要求

为了确保通风设施的高效，有关通风设施的隔热、泄漏和风机等方面尚有如下要求：

1. 通风设施的隔热 U 值应不大于 0.5W/(m^2·K)，否则热量传给周围环境并使预热程度变糟；
2. 泄漏≤3%；
3. 易于控制，至少三个级别调控；
4. 进气量和排出废气量总保持平衡；
5. 确保不结冰：用除霜器等措施；
6. 声压≤35dB。

6.4.3 管线铺设

通风设施的管线铺设要使内壁光滑无瑕的管道结实地固定。圆形断面管道要比矩形的更理想，因为压力损失小。镀锌薄壁钢板卷或螺旋形凹槽管满足如下要求，也可用作通风设施的管线：

1. 通过气流不产生噪声；
2. 满足卫生和可清洗的要求。

通风设施管线铺设的固定可以采用管箍、卡圈和卡钉等。圆形断面管道常固定在楼层腹板或工字梁上，矩形断面管道通常较扁，可方便固定在地板、屋顶结构上。所有这些固定都要加橡皮垫圈。

建筑物进新鲜空气入口和排废气的出口要彼此之间远离分开至少 2m 以上。

通风设施的管线铺设在没有供暖的房间必须加预制半壳型矿棉、玻璃棉和泡沫材料制隔热层。当有管线穿行进气和排气之间必须做蒸汽密封层包裹，以免隔热层受潮。

进气和排气管线应当安装减声压器，降低房间之间传声。

进气和排气管线阀门的选择取决于空气体积流量；防止可能的滞堵和噪声。阀门形式各异，有的可集成过滤器，便于卫生清洗。

6.4.4 通风设施设计要点

住宅的通风设施可以被精确地安置。高效热回收通风设施对建筑节能起着巨大的作用。如今，通过生产厂家的努力开发，市场已有一大批高于 80％热量回收率的通风设施提供。

为通过简单的手段避免冬天 0℃以下时通风设施热交换器的排气处结冰，大部分无源房屋新鲜空气经地下热交换器预热。为此，挖地铺管的首选是盐水地热交换器，因为它结实，卫生无瑕并且易调控。夏日，人们还可以用地下热交换器制冷。

为确保长期卫生，通风设施必须有高效过滤器。管道要可清洗，内壁光滑，稳定而且最好有长直管段，有观察孔和更换过滤器提示。

通风设施设计要点还有如下提示：

1. 计算建筑物内体积流量；
2. 根据计算的建筑物内体积流量为通道定尺寸；
3. 系统铺设设计；
4. 各个建筑确定总体供应技术；
5. 地下热交换器模拟；
6. 请教内行获取合适设施；
7. 对环境和通风系统给居住者指示。

无源房屋供应技术的最佳设计应当非常仔细并且尽早与现场施工人员交代讨论。

6.5 剩余房间供暖和热水制备

在无源房屋中每年供暖热量需求非常之小，但并不一定为零。计算机模拟结果和已建成无源房屋的实际运行经验都表明：在最冷的日子，每平方米居住面积最大供暖热量需求功率为 10W。剩余供暖热量需求仅仅借助必须提供的进气，在无论如何都需要的进气系统里就可以得到。

给进气传入热量是通过一个直接在空气—空气热交换器后面的后供暖存储器进行的。在通过供暖存储器之后，进气管道只允许在通常较为暖和的房间穿行。任何进气和排气通道间的直接热交换应予避免。借助进气管道系统，部分热量就已经交给房间。

进气的后加热热量可以来自热水制备系统，其总共热功率比起热水尖峰负荷要小许多。供暖设施方面应注意如下原则：

1. 无源房屋剩余供暖系统应当简单，花费划算；

2. 热能产生器应以热水制备作首选(无源房屋绝大部分如此)。这样一来，剩余供暖可以“半顺便”地完成；

3. 不管通热水还是热气，热量分配管线应敷设在外围护结构之内，如不得不安置短短的一小段在外面，必须做非常好的热量隔绝(厚100mm左右)。

4. 当在室内安放由燃料驱动的热量产生器时，燃烧用空气供给必须和室内空气分开。重要的是：燃烧用空气和室内空气的排气系统紧挨着地分开，确保在关机状态下密封地关闭。不然的话，住宅会有有害物质；通风设施流量关系会受到干扰；另外，产生不可控制的附加渗透损失。

5. 对剩余供暖要求的调控可采用不同的概念。一个传统的基于外面温度调控热量产生并和室内恒温控制相结合；另一个选项是由一个位于整幢住宅中央的主导温度探测器来对中央设施进行调控。

当供暖热量需求非常小时，在一个无源房屋内热水制备占据单项能耗最大的份额。在德国，一个家庭需用水的热量要求按不同需要介于1500～5000kW·h/a之间。轻而易举地还可以再加上1000～3000kW·h/a的存储、供应、循环管线以及固定管线的热损失。

减少热水制备热损失的措施：

1. 热水传送管线应当基本上安置在建筑外围护结构之内，可能的话，热水存储器亦应如此安置。这将对降低这些部件的热损失(至少在冷的季节)有所裨益。结霜保护问题亦可迎刃而解。

2. 热水管网应当尽可能短，既节省投资也减少热损失。在设计时，成组地安排房间，使水龙头尽可能彼此靠近将特别有效——如厨房、浴室、厕所和其他潮湿房间紧挨着或隔间靠近。这也节省冷水管线、废水管线、通常还有通风管线的投资。

3. 如果和第一点相违背——热水传送管线或热水存储器置于外围护结构保温层之外，热量隔绝必须做得很好。与合适的供暖管道热隔绝相比，此处热隔绝应是双倍厚。还应当注意的是形成一个闭合的隔热层并确保没有热桥。

4. 即便安置于采暖的房间内，热水传送管线和热水存储器也应当很好地隔热。这不仅是为了节省能量还在于避免在夏季加热房间。在炎炎夏日，不用空调亦可保持室内舒适凉爽也是无源房屋的标准之一。

5. 值得推荐的是采用节水器件，如省水龙头，恒温混合组套和流量限制器。使用这些元件不仅节能而且可以节省现已很贵的生活用水并改善舒适度。同样值得推荐的是使用装有隔热支架的浴缸。

通过上述措施使热水制备热量需求明显降低。

6.6 热量产生技术

剩余房间供暖和热水制备的热量可能采用不同的来源：

1. 小型燃气设施：由简单废气管就行或者将来干脆采用通风设施废气通道；
2. 与室内空气无关的小型油-低温-热量产生器；
3. 自动供料且与室内空气无关的木质燃料-燃炉。

对于无源房屋而言，一个令人瞩目的选项是需用水高效热泵——在空气-空气热交换器之后的排气亦可作为热泵的热源。

6.6.1 热泵

有一个方法是借助于一个小型高效热泵(年供暖系数大于3，见图6-10)来产生热量。在空气-空气热交换器之后的排气可作为热泵的热源。如所推荐采用地热热交换器，则即便在最冷天，排气温度也能达6～10℃。除此之外，排气中含有房屋中全部浮游水蒸气的潜热，在冷却到2℃时(与结冰保持一段安全距离)，从这个热源可提取500～800W的热功率。因之，无源房屋可以形成一个非常简单的集通风和满足余下采暖热量要求为一体的系统：一个制冷机(电功率300～500W)中用的紧凑压缩机从排气中抽取热量送交进气。热泵被安装在通风设施中——其蒸发器置于排气管，其液化器置于在平板型热交换器后进气管段气流侧——不要求任何附加热源和附加热量交出系统。

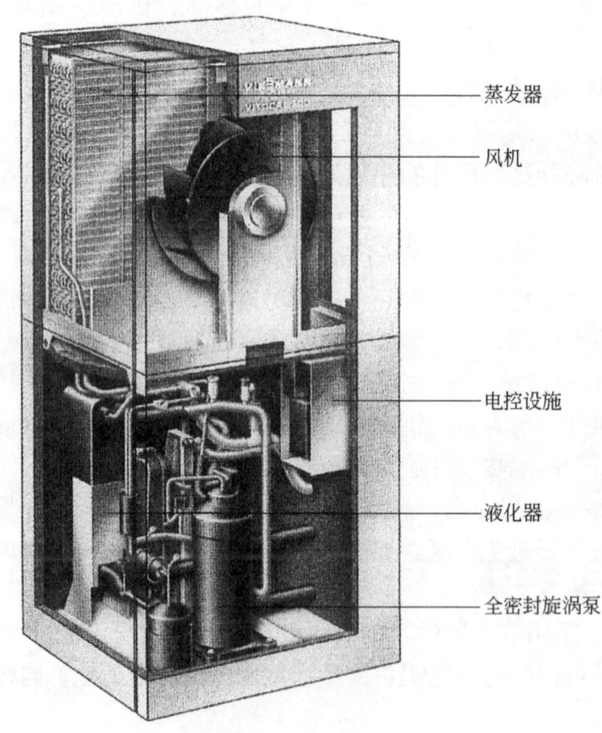

图6-10 热泵
(来源：Viessmann，Allendorf/Eder)

热泵利用土地、地下水或空气中的太阳能热量，借助于很少量的电能产生热量。如今的热泵技术已经可以供给全年全部房间供暖和热水制备的热量。当热源和受热者之间的温度差很小时，热泵是非常高效的。因之，热泵应当作为热量产生技术的首选。图 6-10 示出热泵工作原理简图。

热泵的工作原理上相似于冰箱。在一个闭合循环中，热量承载液体(盐水)从比如说土壤吸取热量。在一个第一期热交换中，盐水的热能交给蒸发器液态冷介质使之蒸发。一个压缩器增加了压力和温度，由此冷介质被泵至一个较高的能量水平。在一个第二期热交换(蒸发)将热量交给通风运行系统。通过膨胀阀门最终压力降低并且循环重新开始。获得的可用热能对泵和压缩器的电能消耗之比被称为功率系数(COP)。

当地热系统正确地尺寸定位，热泵的功率系数可以达到≥4，也就是说，1kW·h 的电能产生 4kW·h 的热能。相比较来看，最新型的燃气暖气功率系数仅为 1.02。

无源房屋-成套设施涉及一个结合入机械式住宅通风系统中的空气-水-热泵。在热泵的加热工况(标称加热功率 1.5kW)，热泵应用到废气中通风热量回收尚没能利用的部分热量，并且将其用到进气的后加热或者热水制备中。在盛夏，图 6-9 所示模式首先将作为热量回收用的住宅通风系统中的热交换器通过一个 Bypass 开关绕过去。在夜间，相对于热的室内空气，更凉爽的外面空气被直接导入。如果使用者还想让更凉爽的空气进入室内，空气-水-热泵自动切入逆转运行。这时候，在热泵的蒸发器处进气主动地交出热量，进一步变冷的空气进入室内；而较热的室内空气作为排气而出。这一成套设施在热泵的制冷工况最大制冷功率为 1kW。

可逆转运行压缩热泵的加热功率总是比制冷功率高些。在加热工况，获取能量以驱动压缩器变成热可用于加热。在制冷工况，同样产生这一热量，因为在制冷工况时压缩器仍然必须工作。这一强迫产生的热量却减低了在能量收支表上理论可能达到的制冷功率。因之，可逆转运行压缩热泵的功率系数(COP)在制冷工况要比在加热工况来得低。

图 6-11 是这一可逆转运行的热泵工作简图。

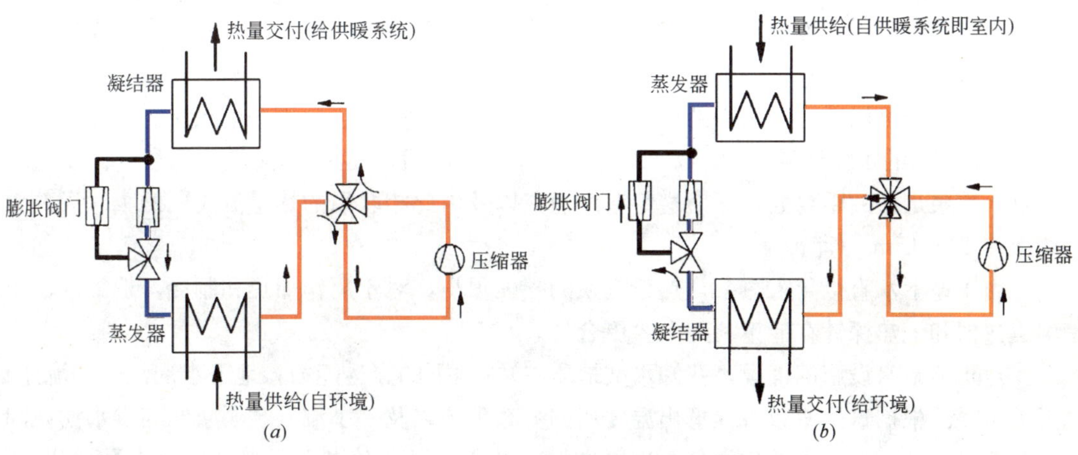

图 6-11　可逆转运行的热泵工作简图
(来源：Viessmann, Allendorf/Eder)
(*a*)加热工况；(*b*)制冷工况

6.6.2 热泵的热源

热泵的作用仅仅是间接的太阳能再分配。它利用周边环境或从地下存储的太阳热量加热。有多种方式可提供热泵足够热源使之得以工作，将低温热量变成高温热量。

热泵最划算的地方在于对于每一个应用都有相应合适的热泵。选用什么热源最理想取决于所要求的热量需求、当地的可能性和个别情况。现在地热探针应算首选，特别是在地皮有限和供暖现代化的情况下。土壤集热器在有足够地皮并新建花园时很有意义。地下水对于热量需求 10kW 更合适，但必须有够得着的深度。外面空气对于热量要求到 30kW 可用。

6.6.2.1 地热探针

地热探针占用的面积小，垂直装在通常深 10～100m 的钻孔中。地热探针铺设长度也可以由几只等深度探针组成，以减小钻孔深度。

作为特别材料，由人工材料(如聚乙烯)制成的双 U 形管，探针循环着一种无毒并生物可分解的热承载液体(盐水)，以吸收地面、岩石和地下水所含热量并进一步通过一个分配系统递交到加热系统热泵。

为探针而钻孔，特别是当涉及地下水时须告知当地专业当局。要考虑土地的地理和水文地质情况。

6.6.2.2 土壤集热器

土壤集热器是在深 1.5m 的土壤中水平铺设的管系统，将地表所含热量吸收并进一步递交到加热系统热泵。因为在深冬时节温度低，管系统必须有与要求面积相关的较大柔度。土壤集热器既不能过大也不能上漆。集热器的最佳位置是阳光照得到的土地，为夏日遮阳可种植。

螺线管式能量头是另一可用选项。它可垂直或在花园 4m 深处铺设，螺线管式能量头间距 4m。

6.6.2.3 地下水

有效的热源还有地下水。地下水必须深度可及，有合适的质量：水温在最冷天也能达 7～12℃。

地热设施可以通过涌泉得到地下水。地下水作为热源直接导入一个热泵。从热泵出来冷到大约 5℃的水随后导入一小流量“涌泉”再返回地下。这一小流量“涌泉”被安置在与供水喷泉足够的距离处，以期避免温度短路以及由此相联系的热量流失。两个涌泉的距离保持 10～15m 为宜。

由于地下水直接导入热泵，热量交换的损失很小，对于用作加热和制冷，地下水比土壤集热器和地热探针在能量利用上要更合算。

对于地下水设施的铺设，获知水文地质参数(地下的穿透能力，地下水的流向和流速)至关重要。根据这些参数可计算出温度场的分布延伸以及一小流量“涌泉”与供水涌泉间的距离。此外，地下水的化学分析也要进行，以便基于水对岩石吞噬(铁/锰流失)判断对于涌泉运行的影响和对热泵蒸发器水的承载能力。

开发地下设施的地下水涌泉须告知当地专业当局获得批准。

6.6.2.4 能量柱桩

能量柱桩是下锚固定在土壤中的混凝土部件，比如说，建筑物的基础桩柱内部安置管系统，将地下能量导入建筑物。这种能量柱桩设施适合于商业、办公室和多家住宅楼的新建建筑物。特别是经过热泵制冷很划算。

类似装地热探针，铺设能量柱桩，获知水文地质和地下水信息是必要的。

6.6.2.5 空气

以不多的建筑花费，空气也可以作为热源。风扇将外面空气导入热泵蒸发器，在这里顺便吸收热量。当温度降低，热泵的功率也减小；一年当中最冷的日子尚须电热器支持热泵。

空气—水—热泵有三种建造形式：

1）外面安置的紧凑型热泵；

2）内部安置的紧凑型热泵；

3）外面和内部分开安置的热泵。

空气作为热源不需批准。

6.6.3 热水制备和房间供暖中太阳能的利用

通过太阳集热器来利用太阳能进行热水制备是一项很成熟的技术，25 年前就已应用，现日臻成熟。除了传统的平板太阳集热器、真空-管型太阳集热器，还有介于二者之间的集中作用平面展开型。它们功能相差无多时，可再比较价格。安装要点：朝南安装不差 5°，倾角 35°～45°。在德国，集热器平均热量所赢 400～500kW・h/(m² ・a)，取决于日照长短。一般来讲，2m²/人，一个四口之家则需 8～10m² 集热器面积。无论独家住宅或类似应用建筑，通常以缓冲热存储器作为集成热水制备热量中心。当然，还可以有其他附加热交换器，热源如热泵，小木丸或小段木头燃料锅炉等与缓冲热存储器相连接。同时，蓄热器可将多个热循环的热量存储起来。这样，缓冲热存储器成为整个建筑的热量中心。空气集热器在一些情况下特别有意义。但这种直接利用太阳能加热空气并非总是必需。一般利用太阳能集热器用水做热承载体。载体可将所赢热量存入蓄热器中，待太阳照射少时提供应用。选择调节器和翻转泵这些高效设备，其自身电能消耗很低。太阳能设施的蓄热器和管线经高效绝热保护防止热损失，建议安排如表 6-1 所示。

隔热层厚度 **表 6-1**

管道直径(mm)	隔热层厚度(mm)	隔热层直径(mm)
15	30	75
20	40	100
25	50	125
30	60	150
40	80	200
50	100	250

蓄热器锅炉的隔热保护应厚 20cm。由于温差大，连接处如温度表附件等应特别加以注意。热水管道应尽可能在有供暖地段铺设，以减少冬天热损失。热水管一去一回并排安放，有利减少热损失。按照建筑的应用类型研究循环中断的可能性：中断 1～2 个小时可

节省能源，其他方式的话，在中断时栓塞过程将带来相当高热损失。

太阳能用于热水制备在蓄热器中热能也可用于房间供暖。但严冬少日照时，太阳能显然难以维持室内舒适环境。

6.6.4 后加热的能量承载者和热量的产生

在选择无源房屋的热量承载者时，有很多原料可用：燃气/天然气/液化石油气/生物燃气；燃油；小木丸/小木片/小木块；电能；植物油/菜籽油。

无源房屋热能发生器可选：加热锅炉(油、燃气、木木丸、小木块)；热泵(燃烧马达拖动，地热和空气热量利用)；社区热电厂(燃气马达、植物油马达)；直接电热；电驱动热泵；燃烧小木丸或小木块的炉子。应尽量避免燃烧矿物燃油，因为其燃烧废气含有有害物质。电阻加热亦应尽力避免，因为发电时，原始能源利用率不高。由天然气驱动的供暖锅炉是一个可用的选择，因为燃烧时，除了二氧化碳，其余燃烧废气不含有有害物质。利用燃烧技术，可使燃料得以最佳利用，产生二氧化碳的量中等。小型供暖设施用燃烧小木丸进行；功率大于 50kW 的供暖设施可用燃烧小木饼；特殊情况可用燃烧小木块。

通过单循环运行，压缩热泵可利用地热；按照凝结器的应用温度不同，功率数可达 3～4，即每千瓦驱动功率可产生 3～4kW 应用热功率。另外，压缩热泵也可带燃烧马达。燃烧马达的余热可借冷却水和蒸汽排管经热交换器再加利用。由此，整体可用热量远高于前面提到原始能量投入之产出。它适合于大功率项目。小功率项目可选由电动机驱动的热泵。当没有生产过程余热可利用时，可由土壤热泵实现。这有也两种可能：水平地热交换器和垂直地热探针。

水平地热交换器适合于小的热泵设施。聚乙烯管平放于地平面下 0.5～0.7m 深，盐水置入作热传递。在 0℃时可带给热泵 20～40W/m² 的单位面积抽取热功率。安放管子是一项繁复的工作：一是由于先前移开的土壤放定管道后尚需再分配；二是通常可供使用的面积有限。

垂直地热探针的优点是占地很少。按照需求，垂直地热探针需钻孔 30～50m 深，每孔中放一进一出两管。依照土壤的湿度含量，单位深度剥取热功率可算出为 50W/m 到 100W/m。按一般土壤关系，热探针钻孔可算是划算的。

如果社区热电厂据热能需求和经济条件可行，则这种成套设备应当建立。社区热电厂有一个燃烧马达和一个发电机组，燃烧马达拖动发电机发电。产生的电能和投入的热能之比是 1∶2，余热可用来供暖和热水制备。对小型设备而言，可提供 5.5kW 电功率和 11kW 热功率。长期运行可更经济。余下热能可反馈公共电网，得到回扣。

最为环境友好的运行方式是由生物燃气或植物油燃烧的马达来驱动。这样可产生电、热且二氧化碳的量中等；燃烧物质最佳利用。

电驱动的小型压缩热泵系统的使用有一定局限。大型设施应用其他系统优先。

6.7 无源房屋通风供暖成套设备

6.7.1 通风供暖成套设备概述

随着无源房屋迅速发展，日益增多地提出：是否通风设施可以以更少的能量消耗和更高的集成度(包括供暖等)来运行，即被称为成套设备。1996 年，第一个现代成套设备问世，它包括了供暖、通风和热水制备成套功能。其优点在于作为集所有功能于一身的高效热回收装置，展现了超乎寻常低的能量消耗。再者，由于很小的位置需求，赢得更多室内空间。还有，太阳能设施可以方便地介入此系统。

通风供暖成套设备依一种对使用者友好方式进行操作——采用远程控制器。另外，设施的数据、温度和关于该换过滤器的信息甚至于出现的干扰等都可以提供给使用者。比如说，可以按照使用者的意愿进行“脉冲式”或“休假式”通风。如今，市场上有各种各样的成套设备提供，可以按照项目要求来选择。

6.7.2 通风供暖成套设备举例

示于图 6-12 的 Drexel und Weiss 通风供暖成套设备接管了无源房屋所需全部供应：包括供暖、带有热量回收的通风以及热水制备加热。通过各个部件的最佳组合配套，整体热量准备率平均可达 200%。

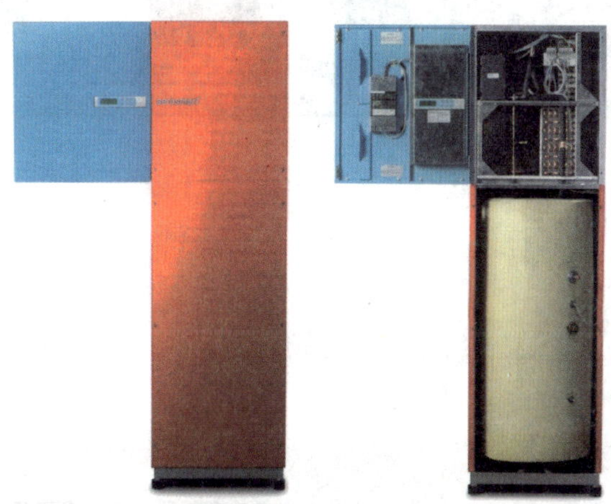

图 6-12 通风供暖成套设备举例
(来源：Drexel und Weiss)

成套设备系统的基础由通风、热泵和存储器三大模块组成。三大模块彼此之间可以自由方便地组合。通风模块作用于进气风扇和废气风扇保持空气流量(140～210m^3/h)为常数。空气量可选择三个不同台阶：或大于或小于标称值的 30%。直流电机功率为每立方米 0.4W。为减小噪声分贝值，有管状声音抑制器对箱体声音抑制。控制由一个安装在仪器内部的功率部件(执行)以及在房间内的控制器(发布命令)共同执行。以这种方式可对成套设备系统所有元件如风扇、热泵和存储器甚至可能的太阳能设施等这样的全部供应进行可靠调控。集成在仪器中的对流式平板热交换器寻求高热交换率而没有压头损失。热泵模块可使进气温度升高及对需用水加热。200L 需用水存储器(双真空搪瓷钢罐，再加硬泡沫隔离)常常放在另一个箱体中。图 6-12 设施常用于独家住宅或排屋，其通常功率约 1.35kW。

示于图 6-13 的 Nilan VP 18-10P 通风供暖成套设备特别为无源房屋所需全部供应所设计，组合了无源(借助对流式热交换器)和有源(通过热泵)热量回收并带有制冷功能。此成套设备可供 180m^2 居住面积使用。

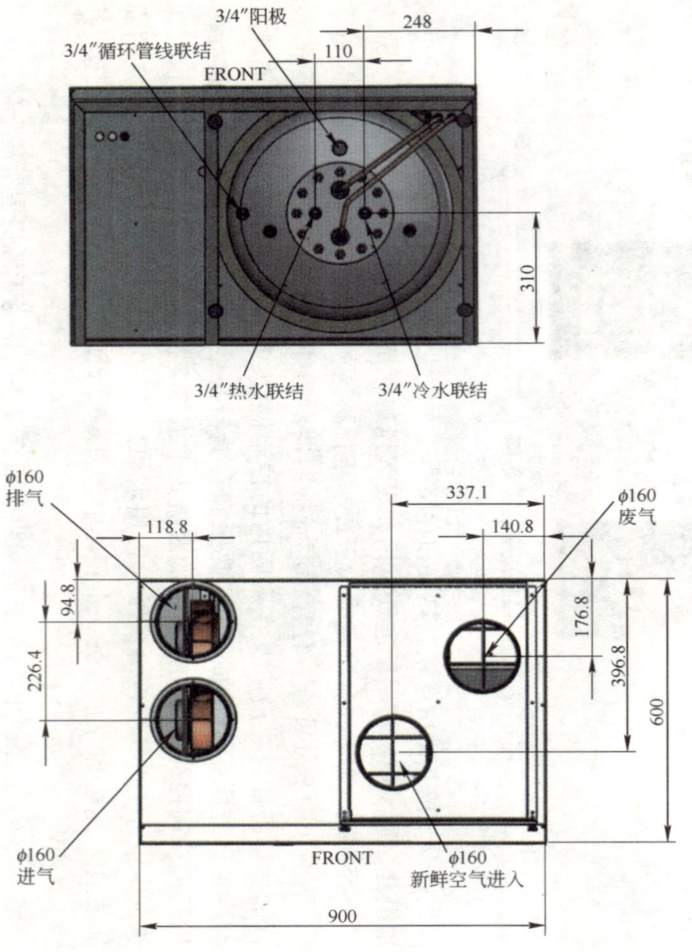

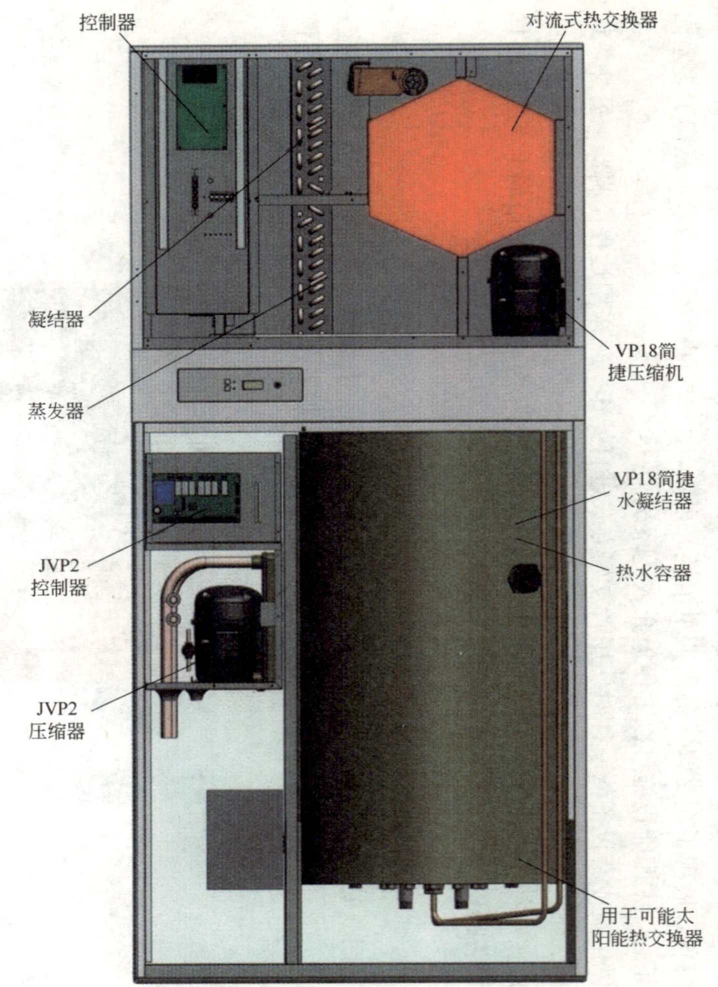

图 6-13 Nilan VP 18-10P 通风供暖成套设备尺寸与原理简图
(来源：Nilan)

Nilan VP 18-10P 通风供暖成套设备有四级电子程控节能风扇控制。其通风功效最大可达 280m³/h。该设备所占空间仅如一台冰箱，却可以满足无源房屋所需全部供应要求：通风、热水制备加热、进气的后加热、过滤和制冷。

6.8 独家无源住宅热量供给特别方案

独家住宅，基本上可以说，是一个使用者及其房屋风范的标识，无源房屋亦是如此。因为住宅的使用者或所有者可证明有节省能源的高度意识和对房屋功能的巨大兴趣。每个人有区别于他人的对热能承载物的偏爱，如有人喜欢看熊熊燃烧的火焰，有人偏爱听木柴燃烧的噼啪声。独家无源住宅热量供给特别方案通常涉及两个元素：带有热量回收的机械通风排气设施；太阳集热器热水制备设施。当这两个设施最佳运转，只有在严冬时日才用到附加热量需求：用于房间供暖包括传导和通风热需求；用于热水制备。这热量需求是如此之小，可用空气/水-热泵实现。热泵可将回收热量供机械通风设施的进气预热。其凝结器提供热量给缓冲热存储器，缓冲热存储器带有一个集成热水锅炉，一般情况下这集成热水锅炉由太阳能设施运转。这种现在市场可供的设施耗电 1kW 可提供 3kW 热功率。独家无源住宅的最大供暖负荷为 10W/m²，所以供暖足矣，余热可供热水制备。

电能作热能承载者将导致高原始能量消耗，应讨论是否仍适用于无源房屋。但是它没有安装的痕迹，热分配方便且插入加热棒即可进行热水制备。

如果住宅有燃气供应，则它既可以环境友好地满足热量需求包括供暖和热水制备，也能用于厨房做饭。但过大功率需求(大于 5kW)目前尚少有成套设施提供。

若用木头做热能承载者，先要决定将炉子放在室内还是室外。当然，一般放在地下室。如在室内，尚有与室内空气相关以及与室内空气不相关两种。与室内空气相关，废气通过烟囱导出，要注意安全监督。与室内空气不相关，比较简单，一般新鲜空气导管直径 50mm，废气管直径 100mm。有成套设备供应。通常建议炉子有水管连接(当连接太阳能系统时还连接到膨胀皿和翻转泵)，将余热送入缓冲热存储器亦可用作热水制备。在调节点火方面有手动和自动两种。炉子燃烧有生活气息的“气氛”，也算生态上划算的燃料。缺点是必须人工照料，人不在不能生火及点燃后供热滞后。

6.9 基本方案变种

无源房屋追求低原始能源消耗目标的实现，只有在密封的外围护结构内并且要求的空气交换通过带有热量回收的机械式通风排气设施高效运作，才有可能。因之，带有热量回收的机械式通风排气设施成为这里为无源房屋提出的所有建房技术方案之不可或缺的组成部分。进一步的有关房间供暖及热水制备的建房技术元素与每一建房数据和使用要求个别地最佳化。

纵观燃料花费(表 6-2)，这里为无源房屋介绍四种技术方案的变种，以资参考。

燃料花费　　表 6-2

	供暖用油	天然气	小木丸	小木块	能量粮食	碎木	液化气	电能
10kW·h 需量	1.0L	1.0m^3	2kg	2.5kg	2.7kg	2.5kg	1.54L	10kW·h
10kW·h 花费（欧元）	0.6	0.6	0.4	0.25	0.25	0.13	0.75	1.8
单位购价	0.6 欧元/L	0.6 欧元/m^3	200 欧元/t	100 欧元/t	90 欧元/t	50 欧元/t	0.49 欧元/L	0.18 欧元/(kW·h)

6.9.1 无源房屋建房技术方案一

无源房屋建房技术方案一如图 6-14 所示：

通风：带有热量回收的机械式通风排气系统，在新鲜空气进入处加除霜器，在热交换器处加热恒温装置，均由电加热。

附加供暖：形成的附加供暖需求通过恒温控制的电阻式加热器在每一房间分别可调得以满足，每房间采暖功率小于 2kW。

热水制备：饮用水加热无论冬夏用一个按预定的水温电子控制的直通式加热器完成。这只在热水用量少时才有意义。

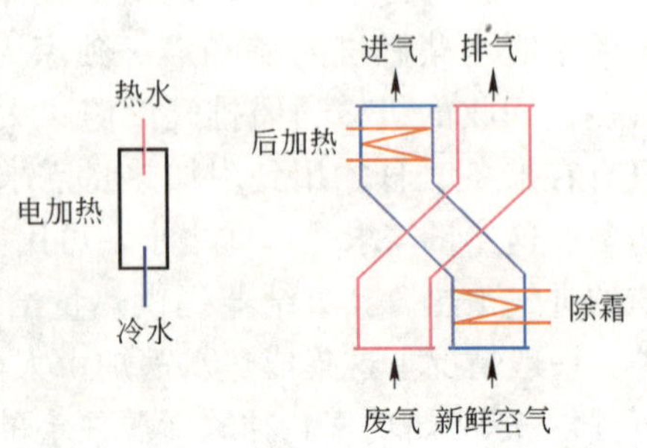

图 6-14　方案一简图

优点：建造投资少；安装费用低；需用面积小，高舒适度。

缺点：生态上很不划算；高电耗导致高原始能源需求；只加垫很少热水时电加热热水制备才合算。

6.9.2 无源房屋建房技术方案二

无源房屋建房技术方案二如图 6-15 所示。

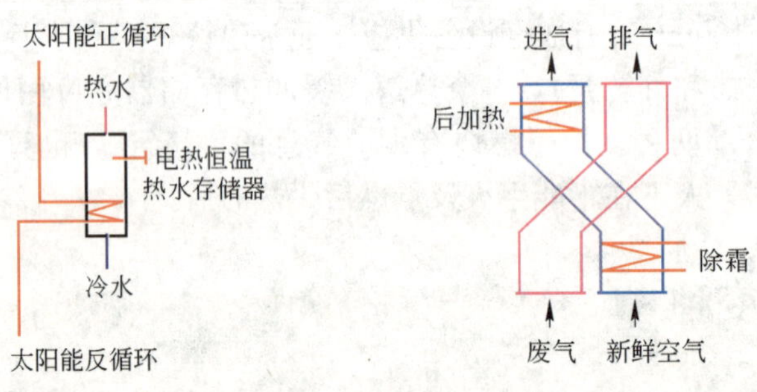

图 6-15　方案二简图

通风/附加供暖：用电加热，同方案一。

热水制备：热水制备由太阳集热器设施完成。盛夏全部由太阳集热器供热。在太阳辐射少时，需用水经预热，当不足 45℃时，尚需在锅炉处安装电热棒或电子调控的直通式加热器，如方案一所述。热水用量愈多安装太阳能集热器才更有意义。

优点：夏日需热水量大时，可大量节省原始能源。

缺点：生态上不划算；高电耗导致高原始能源需求。

6.9.3 无源房屋建房技术方案三

无源房屋建房技术方案三如图 6-16 所示。

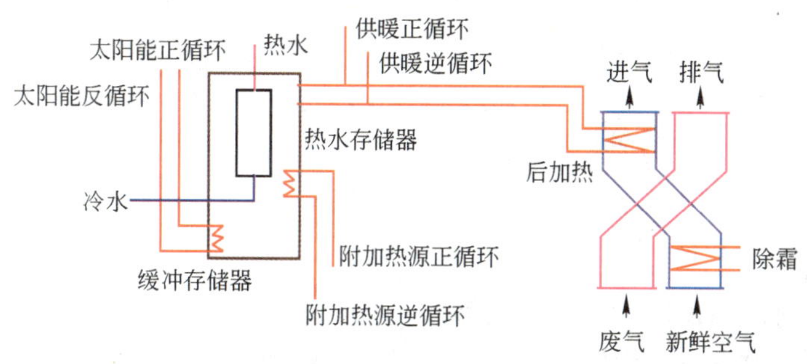

图 6-16 方案三简图

通风：除了强制性带有热量回收的机械式通风排气系统，太阳集热器设施也予介入。太阳集热器的热量先在缓冲蓄热器中存储，与集成热水锅炉产热汇合一起，亦可用于房间供暖。在新鲜空气进入处的除霜器，在热交换器处的热恒温装置，均可从缓冲蓄热器中提取热量。

附加供暖：应用房间的附加供暖可以由常规型、辐射型、平板型或类似者组成，这些散热器可从事先存储热量的缓冲蓄热器中取热。这缓冲器成为整个建筑的热能中心。当热量需求超过太阳能设施的能力所及，可由任意一种热量产生器来补充且同样在缓冲蓄热器中存储起来。在选择热量产生器时要特别注意如何产生热量，以期达到：环境友好，生态和谐，少原始能量需求且花费合理。可能的热量产生器如：一个气体—燃烧值设施，一个小木丸锅炉或一个热泵。对一个独家无源住宅而言，带有电驱动的热泵成套设备市场上已可提供。为热水制备和供暖热量产生的半成品模块也已付诸实施。此外，和水相连的燃烧小木丸或小木块的炉子也可安装。这炉子可在生活区安置，给出这房间热量，其余热量先在缓冲蓄热器中存储，待需召唤。其他热量所赢可以是从土壤热交换器得到，它可将新鲜空气在严冬也预热到 0～5℃，以免去新鲜空气进入处的除霜器。夏天，土壤热交换器还能使新鲜空气预冷，为温度平衡作出贡献。

热水制备：用同样组合系统提供热水制备和房间供暖后加热。

优点：生态最佳热量产生以提供热水制备和房间供暖后加热；很多附加能量承载者和热量产生器可供选择；产生热量花费合理；原始能源需求低；高舒适度。

缺点：高的技术设施花费；尽管有太阳能设施，仍需要其他热能产生器。

6.9.4 无源房屋建房技术方案四

无源房屋建房技术方案四如图 6-17 所示。

通风：带有热量回收的机械式通风排气系统。从缓冲蓄热器中存储热，可供给在新鲜空气进入处的除霜器和后加热装置。缓冲蓄热器作为热量中心。地热交换器可替代除霜器加热。

附加供暖：热水供暖系统由常规型、辐射型、平板型或类似者组成。热量产生器最终得以通过依目前来讲最佳方式装备这个建筑。当然也可能过十年二十年有另外一种热量产

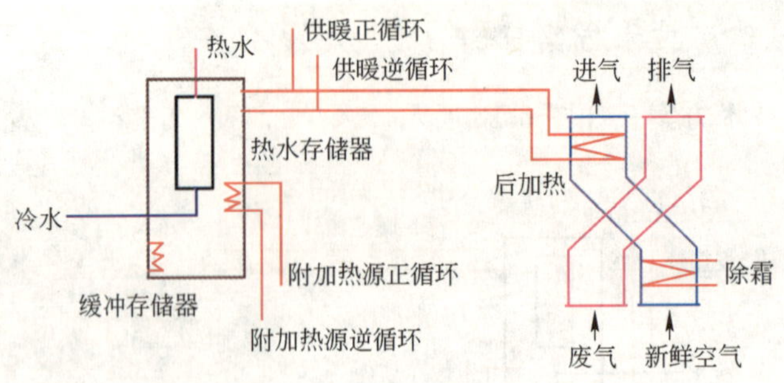

图 6-17　方案四简图

生器出现，那时可能不再用太阳能集热器。

热水制备：见方案三，用同样系统提供热水制备和房间供暖加热。

优点：最佳化的设施技术；热量产出和原始能源要求得以最佳化；通过高精度调控达到高舒适度；木头作能量承载者，二氧化碳排放中等。

缺点：高的技术设施花费；用电和化石能源承载者不划算。

6.9.5　无源房屋建房技术经验

很多对无源房屋满意的用户意识到：这种建房的目标是提供低原始能源消耗和高舒适度。无源房屋建房技术的一个重点在于带有热量回收的机械式通风排气设施。这些设施被不断地经历实验、考核、运行，通常没有责难。为了长期运行要求定期更换过滤器和保持一定的维修保养间隔将很有意义。对于这样一个与维修保养相关的部分正在计划之中。一般来说，居住者对室内气候、愉悦度、使用舒适感的评价非常正面。为达到通风设施无投诉之运行，应在事关顺畅的功能、效率、噪声的产生等方面予以仔细地考量。通风设施的平衡比较，调整修正应当进行。有部分居住者反映室内湿度过小，应当相对湿度 40%～50% 才舒服。对这种情况，通过种植植物可改善之。无源房屋运行表明，短时期能量消耗会超过预期。这有多方面的原因：使用关系并不适合计算的假定；热量并不适合计算的假定(比如建筑后变化了的阴影遮挡)；特别的天气条件(长期阴天很低外面温度)；楼梯间温度分层；很大面积装玻璃。对于这些情况，不应当过于紧张地估计附加的热能产生器和必要的供暖面积。当安置燃烧设施在一个采暖且通风的建筑壳体中，燃烧的废气应是室内空气互不相关地排出而不要到达生活空间。

有几项最新的建设无源房屋发展的消息：用丙烷驱动的热泵；通风设施应用可控空气开关；带有热量及湿度交换的通风设施(焓板式交换器)；前立面集成的通风设施作为一结实的设施。

6.10　展望

无源房屋冀望于少的原始能量需求以及较少的花费。将来供暖系统应当产生高效的热能、电能和中等量二氧化碳排放。如下系统应数优先选择：用植物油驱动的社区热电厂；用沼气驱动的社区热电厂；燃烧植物油马达驱动热泵；燃烧沼气马达驱动热泵；燃烧植物油；燃烧沼气；燃烧粮食；燃料电池；搅动马达。

用纯植物油作燃料驱动柴油马达已用于交通车辆，亦适用于热泵驱动或社区热电厂。然而，植物油驱动并不完全可靠；还有油的预热和使用者的调校问题。今后可能有新的发展。

沼气用于驱动燃烧马达和直接用于供暖锅炉已被试过，可以运行。沼气设施装料尚有问题。无储存运行还需沼气有稳定的质量。

燃料电池中，氢和氧缓慢化学反应，形成热和直流电。除了纯水、净化气，还有沼气或其他燃烧物质可被应用，但花费很高。很多国家包括德国正做研究，已有 5～7kW 设施试运行，可能 2010 年面市。问题仍在于单个元件的保存，维护花费，作用度以及成套设备的生产营运费用。

燃烧粮食供暖已作了强化试验。作为日益增长的原料，合适的粮食于家庭农业即可生产出。之所以适合燃烧，是因为裸麦和小麦的杂交品种含有较少蛋白质。现在作为燃料的粮食能使农民得到丰厚的收入。2.7kg 这种粮食的能量含量相当于 1L 供暖用油。这种粮食有质量；高能量密度；要求小的仓储体积。如同小木丸，亦可二者混合来用。

人们对热力和搅动马达耦合的兴趣日增。其优点在于燃烧在设备外进行；壳装搅动马达几乎不需维修，可长期运行。已在独家住宅试运行，产出 1kW 电功率同时产生 7kW 热功率。

7 质 量 保 证

无源房屋对年供暖热量要求是这样的小，以至于可以放弃采用独立的供暖系统。要实现这一目标，必须使建筑结构和建房技术上的方案能满足如此高的要求，设计、施工自始至终地全程跟踪。无源房屋这种建筑相对普通房屋多余的花费大约在5%～15%不等。苛求的无源房屋在整体方案中体现了一些新的设计原则：如密封建筑外围护结构，避免热桥等。这些原则正不断地受到关注和坚持，从设计到施工自始至终地得到确保。通过一个对整个建筑全过程进行跟踪的质量保证体系，任何缺陷和毛病在建房准备阶段就能被发现并设法排除。这样，对上述建筑物新要求的特性则能长久地保持。

完善的实际资料和计算，还有在执行每一单个工作的实践中，质量保证起到决定性的作用。无源房屋的质量保证要比一般房屋要求来的高。显然，在早期阶段要求的质量检查得以实施远比事后为排除缺失投入更多的资本更划算。质量保证作为整个过程不可或缺的组成部分：在无源房屋的前期立项、方案起草，到执行设计，无源房屋整体立项承包，直到建筑过程在内的质量控制。特别是在缺乏经验的建设者面前提出一个建设无源房屋的任务时，陪同建设全程的质量保证应从独立的角度作为辅助不断地对无源房屋进行考核和目标逐步移植转化。

在建造中，质量考核的重要组成部分是密封测试(风机-门-测试)和必要时热像仪即远红外线摄像机的介入。这两个测试项目在恰当的时间点进行使泄漏点可测、可观察；而且可以及时地排除这些示出的缺陷。进一步地发展和广泛地采用“无源房屋建筑标准”对实现一个可能统一的质量标准将很有意义。本章对无源房屋设计和实施最重要的地方进行特别关注，以确保今后目标的功能效益得以实现并长久保持。

在初始方案阶段，在构思时一些对这一建筑重要的条件应先确定下来。除了地区和城市的指标，比如城市整体设计规划，建筑直接的环境——太阳能的可利用性有决定性的影响。在初步设计阶段遇到的问题在今后建设各个阶段如何解决的思考对满足无源房屋的特殊要求十分重要。这里，特别建筑构件和其他元件的质量标准也应确定下来，因转换构件、元件导致的问题应当及时地被发现、认识并加以解决。和技术标准有偏差的产品和标准件，设计者应和施工总监签字确认。初步设计阶段亦应有一个建造无源房屋的初步项目计划以便实施。在实施设计阶段，应计算能量标称值。同时，无源房屋资金申请到位，因为建设工程将马上开始。

要点：

1) 一个简单建筑外围护结构几何造型(厚绝热的规则结构)密封连接详图，以避免热桥为优先；

2) 尽早确定“保温层”和“密封平面”，其他部件可在此基础上安置；

3) 面积/体积(A/V)比给出这个建筑外形的整体性和建筑类型有关，努力使A/V关系——建筑形体系数不大于$0.7m^{-1}$；

4）装玻璃面积尽量朝南（只允许有小的窗在东西北朝向），考虑遮影（冬日无遮影/夏日能遮阳）；

5）清晰的主平面布局，重要的是管线分布（热水管、下水管、进气管、排气管），节省花费；

6）与无源房屋特征相关的特别要求：应在招标书中写明热学特征值和申报个别产品标识如传热系数 U 值［单位：$W/(m^2 \cdot K)$］并经考核；

7）提交运转应用指示（使用手册）给居住者和建筑管理者。

7.1 建筑外围护结构

基本上，无源房屋可以依通行的建筑方式（实体建筑/轻体建筑）实现。重要的是确保在设计中已经考虑好的厚隔热层以及外围护结构的所有不透明部件环绕地被隔热，力求达到的传热系数 U 值约 $0.1W/(m^2 \cdot K)$。高的隔热标准意味着不仅是降低热损失，而且能保持在冬天建筑外围护构件的内表面温度较高，同时，在夏天建筑外围护结构的内表面温度较低，也就是说，提高建筑内的舒适度和强化对建筑损害的抵御能力。

热隔绝的建筑构件必须按照内部密封外面防风的密封隔离原则处理。在热量隔绝复合系统，外墙抹灰；在木质轻型建筑外面铺板和贴箔片，来实现防风密实处理，以避免产生空气流使隔热效果受到损害。为得到好的热保护，即无热桥，密封的建筑构件在连接处、穿透处、角落及边缘棱角处必须仔细设计和规范。

要点：

1. 实施热量隔绝连接系统和地板下隔热需要一个“通用建筑监督准许”；
2. 因为花费的原因，单隔热层是首选；
3. 在热量隔绝复合系统前立面的固定物（如照明灯、栏杆、雨水管）用有热分隔的壁架、特殊预埋螺钉；
4. 隔热板粘贴在平整干净的基础面上；
5. 避免后通风隔热空隙或空洞；填满不经意生成的木质空洞/板接缝，填充覆盖至少4cm（如构件连接处，周边绝热层和外墙隔热层的过渡处等）；
6. 考核进货材料的传热能力（提货单/指示 U 值）；
7. 建筑期间保护绝热材料（防止水、灰浆、水泥进入）；
8. 注意防火要求，如使用岩棉以代替聚苯乙烯；
9. 在用填吹隔热材料时要考核填吹材料是否填实木架构。

热桥表示热隔绝的弱点之处。据几何和结构条件，在很小空间热量逃逸：边缘、突起、角落、穿透点和建筑外壳连接处，与一般建筑构件相比热损失大大增加。热桥效应的负面影响，不仅因为增加了热损失，而且由此会产生潮湿损害。无源房屋的目标是使之成为“无热桥结构”，也就是说，从设计到实施持续不断地避免结构热桥。几何热桥如房间角落在无源房屋亦难以避免，如可能，选择大钝角为好。

在估算传导热量损失（通常热损失）时，事关热外围护结构表面组成之建材部件和所有细节的仔细造型。当热桥损失系数 $\leqslant 0.01W/(m \cdot K)$，通常热桥损失并不明显。否则，应进行热桥估算。

如下各点在质量检查的每一阶段都值得注意：

1. 放弃突伸的建筑部件如前立面不要阳台，只可用热分离的锚件固定在建筑体上；

2. 避免穿透外围护结构(如确实不可避免，则采用具有高热穿透阻力的材料，例如：由玻璃纤维强化人造材料制成的壁架、抗压绝热材料、特殊螺钉、薄木板层压板)；

3. 热量隔绝层没有中断(完整地毫无纰漏地执行热量隔绝，在建筑部件连接处亦是如此)；

4. 减小墙基热损失，如用泡沫水泥块等；

5. 窗户嵌入绝热平面和连续地周围环绕窗框隔热处理；

6. 当有卷帘式百叶窗时，尽可能预制百叶窗，并用至少 6cm 绝热层，密封线缆穿通；

7. 用热分隔固定元件固定灯具、栏杆、屋檐等；

8. 必要时，用热像仪确定热桥位置。

密封平面作为一个连续的围绕整个被供暖的建筑物体的密封壳，应当在设计上尽早确定下来，不断地规划，并在实施期予以全面考核。这些特别适用于所有连接细节处。无源房屋的外围护结构密封性应满足：空气密封 $n_{50} \leqslant 0.6\text{h}^{-1}$(压力 50Pa)。

一般情形下，实体建筑的内抹灰，木质轻体建筑的内铺木板作为密封平面。除了内抹灰和硬木质材料板外，箔片，加固建筑粘接带和水泥(无裂纹和缺陷)也可做密封材料。相反，墙体、木质软纤维板、隔热板和镶衬木板则不算密封的。除了不合适的建筑部件外，最严重的缺陷在于建筑部件间缺乏密封的连接。德国标准 DIN13829 确认依照差压法进行的压力测试来确定建筑物的密封性。室内建筑完工前在质量保证框架内的压力测试(方法 B)可早期示出缺陷所在，并提供可能的改善空间。依照差压法进行压力测试时，相关公司应当在场，以期发现的问题得以直接排除。用一个测风仪可在关键点测量空气流速粗略估计缺漏所在。通过热像也可以发现漏洞裂纹。建筑完工后，差压法进行的压力测试按照 DIN 方法 A 进行，由此，确认空气密封 $n_{50} \leqslant 0.6\text{h}^{-1}$(压力 50Pa)。

考核密封应注意：

1. 将密封平面的裂口或破损减到最小(捆绑导线导管处理)且密封填实；

2. 尽量避免外墙装插座，不然的话，密封的空墙插座或抹灰墙插座全石膏填充(替代：预装墙体系统作为安装平面)；

3. 在水泥地面设置之前，预制墙安装之后，内抹灰直至清水屋顶；

4. 窗和门圆拱腹边缘用抹子抹平整光滑；

5. 窗户、门和在密封围护外壳上挤压穿透处的密封连接应采用合适的材料(如丁基橡胶、丙烯酸盐粘接带，带有压缩板条的预压力密封带)处理；

6. 硅树脂、聚氨酯安装泡沫、包装粘贴带并不适合用于长久密封连接；

7. 当有不可避免的长期负荷缝隙，鉴于维修应保持方便可视，但要小于 5mm 宽；

8. 两个不同建筑部件间的密封连接(如屋顶/墙)采用箔片条或带有最终强力固定到两部件上的软管密封垫圈来处理。

妥当地安排装高值窗户是无源房屋的重要前提条件。这被称为“热窗户”的总体 U 值(“窗户”)U_w 应不大于 0.85W/(m^2·K)。玻璃整体能量穿透度 g 不小于 50%且不引发装玻璃的 U 值(U_g)明显下降。对无源房屋适合的装热量保护玻璃使用三层玻璃，通常其中两层经涂层处理。经这种涂层处理，每一玻璃之间的空间反射热辐射。按照涂层种类，填充惰性气体和在两玻璃间的气体浓度不同，未经干扰的玻璃片的 U_g 值可达 0.5～0.8W/(m^2・K)。还有，箱式也就是说组合式窗户，是多个装双层玻璃的组合体亦是无源房屋适合的选项且市场有供应。

通常的窗框中除了装玻璃外必须装高绝热值的热量隔绝层才能使用。这些按生产商不同有不同产品供应市场。一般来说，木质或人造物质材料断面的窗框与隔热材料组合，使整个窗框无中断。一般的窗框厚 68mm 不足以应用，在无源房屋，窗框厚 110～120mm。这里，窗框的 U 值(U_f)应不大于 0.80W/(m^2・K)。一个增加了的玻璃间距离(约 25～30mm)和热最佳距离保持器(热刃)作为与人工材料断面的边缘连接件或薄墙式的优质钢板，成为无源房屋进一步减少热量损失的重要之点。同时，使在玻璃边缘的露水凝结几乎消失。

对于一个无源房屋窗户而言，除了窗户的热力学特性以外，密封的实施当然也是一个决定性的因素。这里，至少两圈甚至三圈密封垫是不可或缺的，同时应避免窗框咬合缝处内面放置的密封垫有露水凝结。如果可能，固定地装好玻璃再进入建筑物。除了窗户密封置入，还应要求强迫性地减少置入热桥，以期长久地保持总体 U 值(“窗户”)U_w 不大于 0.85W/(m^2・K)。窗户应尽可能地放在绝热平面上，即在加工好的墙体为窗户预留的位置的中央且窗框始终如一地绝热处理。带有绝热复合系统的实体墙意味着窗户的固定是借助于位于墙体前或者至少远在墙体前的具有小热传导能力之托架进行。经证明窗户的置入可作为无源房屋适合的建筑构件，详见 2.2.1 节和 2.2.2 节。

无源房屋也可有卷帘式百叶窗置入，但无论如何会引入热桥。尽可能地预制百叶窗并密封驱动(如电力驱动，密封传输带或曲柄轴)。预制百叶窗置于至少 6cm 绝热层前，以期防止露水凝结。

房门，基本上说，在热量保护及密封方面的要求和窗户一样。对无源房屋，总体 U 值(“房门”)U_d 应不大于 0.80W/(m^2・K)。在密封方面，在上面、侧面应有两个环绕密封垫；在下面门槛处至少一个密封垫到位。如果在门槛处不能到位，应用可压缩唇型密封填塞以尽可能达到好的密封。无源房屋用的环绕密封附件必须保证形状稳定地得以长久起作用。这些特别受限于门板的结构和强度，也就是说，要比通常房门更强更厚。和窗户相比，房门在关闭状态应有一个压力，这就是为什么很多生产商都规定这一标准关门状态。通过在房间门内面的一个可锁死插销的球形把手将使居民轻松地执行这一要求。

考核夏天热量保护，特别是采用阴影遮阳措施引人注目。各个不同朝向窗户的面积大小在这里起到重要作用。没有阴影遮阳措施朝南窗户的面积不超过 30%～50%。因为夏天太阳很高，朝南可通过屋檐，小阳台等遮阳，而在冬天没有阻挡太阳辐射进入窗户。朝西和朝东的窗户由于太阳平射只有临时的阳光保护措施起作用。如果这些没有考量，根据法理条款，这些窗户应限制面积到最小。在一个住宅，夜间横向通风的可能性可以对在夏天舒适的室内小气候作出贡献。如果通风设施在夏天继续运行，则进气绕过热交换器可冷却室内空气，但其前提条件是进气先经过地热交换器。

7.2 建房技术

借助成套和能量高效的建房技术系统，花费和能源都可以节省。尽早请建房技术设计师对通风设施包括隔声防火和供热方案进行计划将大有好处。除了热学方面做准备之外，特别应该尽早考核是否纯空气供暖方案即可，或者是否仍需附加采暖面积。附加供热负荷低于 15kW・h/(m²・a)的目标量视为设计目标，根据实际情况的消耗和看哪些使用关系更重要，亦将起限制作用。对设计者至关重要的是应注意，一个足够的、舒适的和可选择的所有房间温度设定之实现。这里，供暖负荷是至关重要的量。在较少的内部能量所赢(人口少而居住面积大)或单独房间具有大面积窗户的情况下，除了进气供暖之外附加热源仍将需要。基本上讲，作为热能准备有很多种供应可供选择；这取决于建筑物的大小、用途并应考虑原始能源及供给技术方面观点而确定。

注意要点有：

1. 努力缩短管线；
2. 尽可能地使建房技术空间在中央设置；
3. 热水管线，热水和供暖配件应很好地隔热并安置在外围护结构保温层之内；
4. 切忌热水蓄热器处的热损失；
5. 避免密封的建筑物外壳被穿透即做到挡风密实填塞；
6. 如有可能，屋顶下通风管或排气管间隔热；
7. 节能家用电器、节水配件、热水连至洗碗机和洗衣机；
8. 如建一壁橱应隔热良好；
9. 如用一个燃料炉与通风系统相关，注意防火安全。

带有热量回收的可控舒适通风作为无源房屋的固定组成部分，不仅提供高的通风质量，而且节省大量能源，这是因为排气热能中 80％被回收并转给刚进来的新鲜空气。通风应确保长期卫生无瑕运转，没有噪声干扰(置入声量衰减器/中央设施声压定级)。除了能量高效之外亦要确保舒适度。应给使用者提供三个级别(弱、中、强)调节的可能性。进气和出气阀门应小心仔细安置设计，以期避免穿堂风、短路气流和噪声。在进气开口处，应注意不要直接吹进人们经常逗留区域。一般来说，在屋顶下方 15cm 安置甩气喷嘴是合适的选择。为在一个居住单元内分配空气，超气量开口可通过开启门板或门楣，抑或通过一短门板实现。

为此应注意：

1. 在外面空气温度－10℃时，进气温度 16.5℃；
2. 地热交换器作预热防霜或预供暖控温防霜；
3. 进气排气流量平衡；
4. 在平面图设计和建房技术设计时，注意尽量缩短管线；
5. 将中央设施安置于接近建筑物外围护结构保温层，因之，使热管在冷区及冷管在热区都很短，这些管线应很好地做热量隔绝；
6. 推荐通风设施声压水平在客厅和卧室小于 25dB，功能房间小于 30dB；
7. 外面空气尽可能地在高处吸入，经保护，不应在附近有空气污染可能的地方吸入；
8. 排气不应直接吹向建筑部件，否则由于排出气的潮气含量高，会造成湿度损害的危险；
9. 吸入外面空气和排除废气之间通过短路气流引发的嗅味干扰应予避免；
10. 空气通道保持有清洁过滤器：排气过滤器质量等级至少 F4，从外面进气至少 F7；

11. 应用换气保温帽(蒸汽排出口不要和排气通道相连);

12. 冷凝器排出口应通过虹吸管和废水相连。

7.3 质量控制测试

如上所述,所有单个建筑部件均在建造期间经过考核并得以确保质量。然而,密封测试(风机-门-测试)和必要时用热像仪即远红外线摄像机确认无热桥应当在建造期间并于内部装修之前进行。这样一来,可能出现的薄弱环节(裂缝)就能够毫无疑义并且迅速地予以排除。如果房子建好之后再改善则花费大增。

7.3.1 风机-门-测试

无源房屋建筑外围护结构的密封是达到年供暖热量需求量 $Q_H \leqslant 15(kW \cdot h)/(m^2 \cdot a)$ 的最重要的评判尺度之一。如果外面寒冷的空气通过围护外壳的缝隙挤入被加热的建筑物内部(渗入),必须为保持室内温度而不断加热;当温暖的室内空气经过外围护结构不密封处跑到外面(渗出),这一热量损失同样需要予以补足。两者都导致年供热负荷的攀升。

7.3.1.1 风机-门-测试实验简介

建筑物的密封性测量是通过依照差压法进行的压力测试来完成的。首先,在一扇门的开口或窗开口(门框或窗框用塑料膜绷紧以装置鼓风机或风扇接口)设置一个"吹风-门"(风机-门)。此建筑物所有其他开口全部关闭。在一个产生的内外压差约 50Pa 的情况下(超过或低于这压力)测量空气的体流量,这与整个建筑物被供暖纯体积相关。由此产生空气交换率 1/h(1 指的是在 50Pa 压力下全部室内空气被置换)。图 7-1 给出风机-门-测试示意。

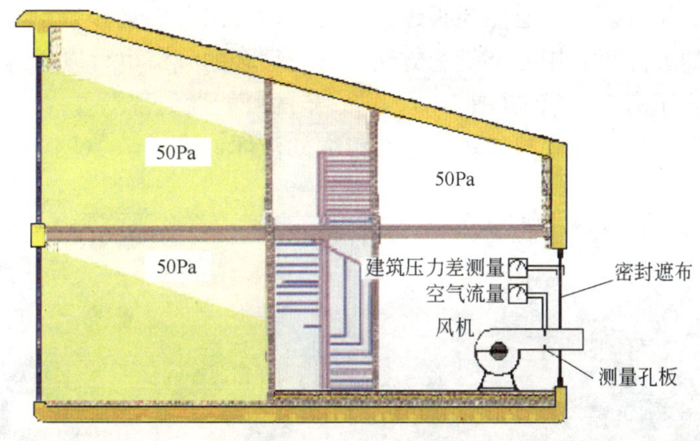

图 7-1 风机-门-测试示意图

为使实验结果对于评价密封更确凿可靠,应当事先完成如下工作:

1. 实体外墙内抹灰,对于轻体建筑粘贴密封箔片;

2. 装上窗户和通外面的门并填塞好缝隙以期密封;

3. 密封建筑材料,建筑部件过渡替代准备就绪(比如从轻体建筑到实体建筑的准备工作);

4. 热量隔绝封锁的固定和填塞；
5. 安装开口(如至非供暖的屋顶区域的孔)；
6. 填塞穿越围护外壳的管线(如电线或通风管线安装)开孔使密封；
7. 安装卷帘式百叶窗箱。

为使实验能更好确定缝隙位置以及以后改进的方便，下列建造步骤不要进行：
1. 内部房间以挂石膏板或成块木板形式装修；
2. 对于轻体建筑内部房间装修以及必须的内面的第二层隔热平面。

如下措施对测量没有影响，可以安排以后再进行：
1. 外围护结构外侧安装如抹灰，木材外加壳饰，或安置热量隔绝复合系统；
2. 铺地板隔热层或者地板上覆盖层；
3. 安装物件如在卫生间和厨房区的缸、盆等；
4. 建房技术系统设施的安装(但是，为此必须的在外围护结构上穿的孔应当业已完成)；
5. 安装电气附件(如照明开关)。

为保持目标压差，应在建筑物内部采取如下预防措施：
1. 将供暖空间内部的门全部打开，以期构造整个建筑物被加热体积的压差；
2. 关闭所有围护外壳上的开口(如窗户、门)；
3. 填实和封闭通风设施的新鲜空气进气口以及排气口；
4. 用薄膜封住废水管，其虹吸管尚未被水填塞住。

为能更准确地评估实验结果，应当考虑被通风的内部房间体积和纯平面面积。实验期间，外围护结构上所有建筑部件和元件如墙体、屋顶和窗户应当方便地予以处理。

特别重要的是有风天气切勿做此试验。

7.3.1.2 缝隙的定位

为达到缝隙定位准确并且避免损害建筑，有多种方法可供选择：

其中最有效的方法当数用手感觉的方法。甚至很轻的气流也可以通过沿外围护结构内侧在手上产生微弱压力得以感知(图 7-2)。进一步的可能性为视觉寻找软肋落点。

用一个流量测量仪器——热气流计，可以探知流体速度(m/s)(图 7-3)。

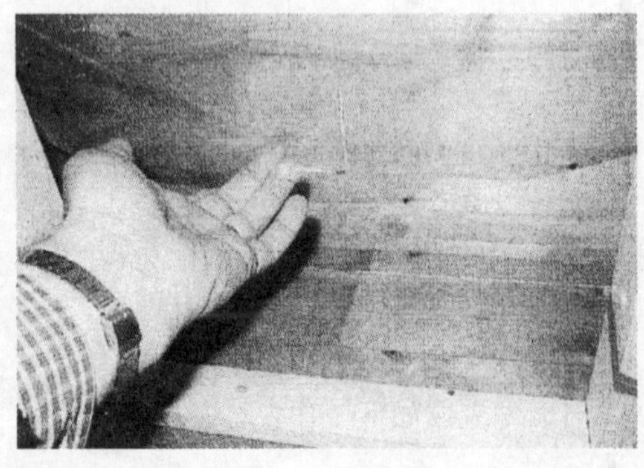

图 7-2 用手感觉的缝隙定位方法
(来源：Dipl.-Ing. H. Trauernicht，Gebaeudemesstechnik，Sehnde)

图 7-3 通过空气流测量仪器的缝隙定位方法
(来源：Dipl.-Ing. H. Trauernicht，Gebaeudemesstechnik，Sehnde)

当在建筑物内做实验施以过压并通过一个烟雾发生器在室内充满无毒烟雾，则烟雾从缝隙泄露到外面，视觉印象鲜明(图 7-4)。

当在建筑物内做风机-门-测试施以低压并通过一个手持烟雾发生器在室内缝隙处灌入烟雾，气流亦清晰可见(图 7-5)。

图 7-4　通过一个烟雾发生器的缝隙定位方法

(来源：Dipl.-Ing. H. Trauernicht, Gebaeudemesstechnik, Sehnde)

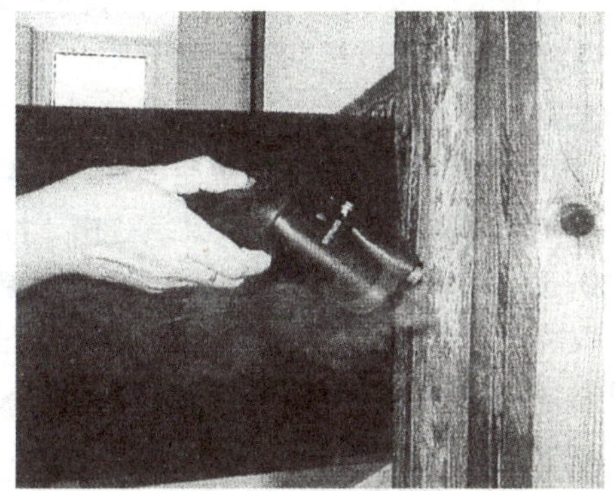

图 7-5　通过一个手持烟雾发生器的缝隙定位方法

(来源：Dipl.-Ing. H. Trauernicht, Gebaeudemesstechnik, Sehnde)

另一个方法是用远红外线摄影机在低压状态测量过程中拍摄位于不同温度区域的热像图片。在外围护结构的缝隙处显现的气流剧烈变冷，通过热像图片温度色标可以知道冷却的区域(蓝色)(图 7-6)。从图 7-6 给出的热像图片可以看出石膏板后空气流泄漏，如箭头 1 所示。

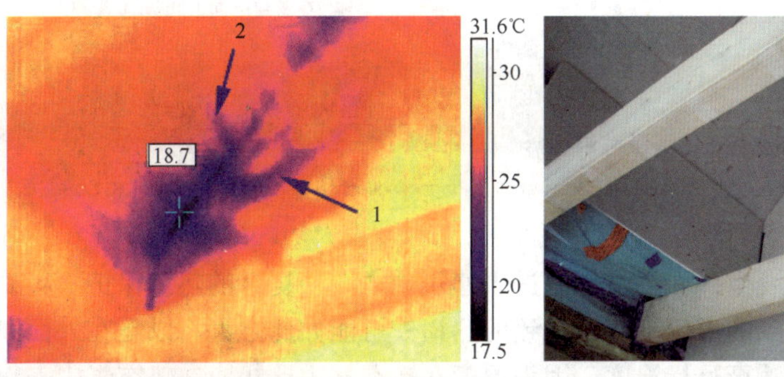

图 7-6　热像测量的缝隙定位方法

(来源：www.luftdicht.de)

热像测量还可以用于调查热桥位置，详见 7.3.2。

7.3.1.3　由缝隙引发的热损失和对建筑物的伤害

无源房屋在外围护结构的缝隙处会引发多方面的热损失并且产生对建筑物的伤害。

热空气由于浮力而上升。风压从缝隙将冷空气顶进室内并将室内热空气吸到外面的自由空间。这一热量损失需要予以补足，显然导致年供热负荷的升高。

带有可控通风排气的无源房屋由于外围护结构缝隙会导致所谓“热短路”，因为任何自然压力差都将引发空气运动并干扰通风系统中人为设定的压力差。当缝隙在产生废气的房间生成热短路，缝隙作为进气的开口则可能使进气房间完全没有进气或进气不足。也就是说，基于密封不善的范围大小，通风设施的作用将部分或者全部丧失。这样一来，如果在通风系统中再加热量回收装置也不能起到热量回收的作用，因为大部分热的废气经缝隙而不是经热量回收器排出到室外。

当带有隔热层的外建筑部件有具缺陷或不密实的外侧毗邻防风保护以及在内侧有缺失的密封层时，会产生通过多细孔隔热材料的气流，而致使传热系数(U 值)大大增加。如此一来，在密封层上的一个小小的缝隙让原本就存在的传导损失越发扩大。

通过裂缝挤出的室内热空气通过隔热层时渐渐变冷，当达到露点(在一般室内情况下，低于 10℃)时，空气所含水凝结。由于潮湿往往会导致建筑材料(特别是木质建筑部件)受到伤害，在室外温度 0℃以下，这种缝隙在屋顶每天凝结水能达 36g 之多。穿透空气流大小取决于热浮力(热的室内空气，冷的外面空气)以及通过风的压力和吸力。当温度差很大时，强烈的穿透空气流并没有算作风负载(图 7-7)。

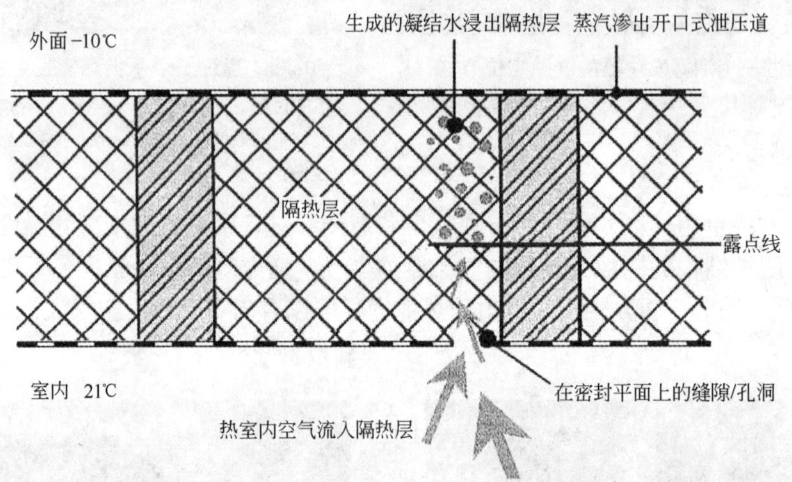

图 7-7　带有露水的缝隙穿透空气流

(来源："Passivhäuser" by Adolf-W. Sommer © Verlagsgesellschaft Rudolf Müller GmbH & Co. KG, 2008 Köln, Germany)

在暑热天气，可能发生外面热空气流进入建筑物之内。夏日的热量保护不容易进行。

配置供暖没有考虑到的由于不密封导致的热损失可能如此之大，以至在外面温度较低时，供暖根本不能足以达至目标温度。因为湿度在冷空气中比相应在热空气中来得低，进入建筑物的冷空气团使得热的室内空气趋于干燥。这会给人们不舒适的感觉。密封不善引起有携带的空气进入还可能带来霉菌、灰尘颗粒和异味到生活空间。除此之外，通过缝隙也会使外面声音进入造成噪声干扰。

7.3.2　热像测量

热像测量可以通过热像分析来调查热桥位置。

任何物体的温度超过绝对零度(－273℃)都给出红外线辐射。温度越高辐射越强。热像测量的任务是借助一个检测器将红外线辐射变成电信号并且经信号处理生成热像图。在热像图中每一个温度都对应一种颜色：高温呈红色调，低温趋蓝色调。热像图主要用于冬天判定室内外较大的温差。这样一来，外围护结构上的弱点及不密封处在热像图中一览无余。图 7-8 给出的热像测量图示出所有缝隙都有冷空气流进入。

图 7-8 热像测量示出冷空气流
（来源：www. luftdicht. de）

图 7-9 示出采用热像测量来判断热桥位置的例子。热桥不仅使能量流失，还会产生从环境空气中潮湿的凝结或沉积。这样一来，常常会损害建筑体，特别在生成霉菌时，可能危及居住者的健康。

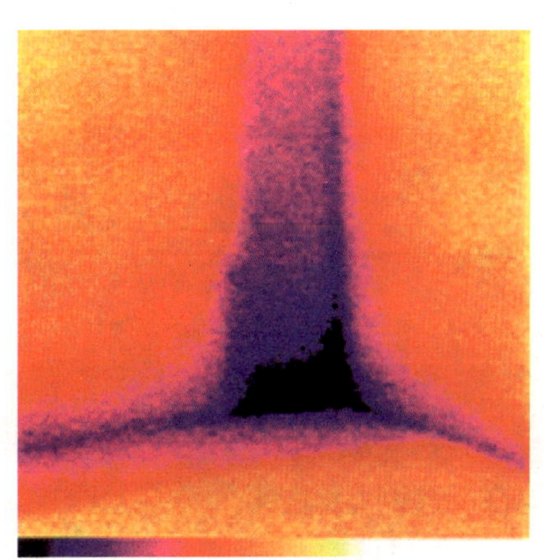

图 7-9 热像测量判断热桥位置举例
（来源：www. tsb-energie. de）

在特别有效的热量隔绝层的建筑物中，热桥损耗占据热量花费的 20%，而在低能耗房屋达 40%。引发热桥的原因往往是所谓“拉伸损害”，还有在抹灰层和墙体的裂痕。这是因为不同材料具有不同拉伸强度。

良好的热量隔绝层不仅避免了热量损失而且大大提高建筑物抵抗损伤的能力。消除热桥必须由专业人士处理，以免事故反而扩大。

7.4 能量证明

在德国从 2009 年起所有各类房屋必须要有“能量证明”——简单地表明一座建筑物的能量使用质量：包括供暖和热水制备的燃料需求，热量隔绝质量和供暖设施的效率。这些信息提供给租户、潜在买家、业主以帮助他们作出具体决定，刺激投资和进一步节省能源。

能量证明中的重要信息包括：这一建筑物的原始能量需求；从而给出能量评估；外围护结构的质量(热量隔绝标准、密封性能、热桥以及关键技术设施的质量)；CO_2 排放等。

能量证明取两种形式；“消费证明”和“需求证明”。能量证明具十年有效期。每一个房屋的出租和出售必须提供能量证明。有专门机构发放能量证明。

8 无源房屋建筑举例

利用能量高效，感觉舒适愉快，成为业主与时俱进地对建筑提出的高要求。在过去十年，数量不断增加地实现无源房屋不仅在节约能源和保护环境方面作出巨大贡献，而且在居住舒适度方面比通常住宅改善许多。这里介绍的事例全都是在德国实现的无源房屋，包括：实现无源房屋的住宅、目前最高八层居民楼、公共建筑、工业建筑和旧建筑改造项目。感谢建筑师提供信息并允许引用图片资料。

8.1 获环保大奖的住宅

图 8-1 带阳台和花园的朝南立面及入门区（选自杂志 DAS HAUS）

建筑简介：完成于 1998 年；居住及使用面积：257m^2；纯空间：1125m^3；A/V 比：0.61m^{-1}；外围护结构密封度：0.5h^{-1}；尚需供暖热量：12.9(kW·h)/(m^2·a)；建筑结构：实体抹灰；居住人口：4(2 成人，2 小孩)。特点：车房绿化屋顶；雨水冲厕所及浇花园；生态观点选建材；1998 年获市环保大奖第一名。

建房技术：采用专为无源房屋设计的成套设备：可控带热回收的通风设施；须用水蓄热器；进空气后加热和热水制备用的小型热泵。热水制备的加热还进一步得到太阳能设施(平板型集热器)的支持，在夏天整个成套设备可以不用。新鲜空气进入前，先经地热交换器预热。20m^2 光-伏电池模板面积可供电给后加热存蓄器及通风设施的风扇用，没有对环境造成任何负担。

方案：建筑平面图很清晰地分块：装玻璃大部分朝南；一层可通过一个位于北面的密闭的楼梯间抵达；这建筑部分在地下；地下室亦在外围护结构以内，包括技术设施和一间音乐室。详细分配见图 8-2。

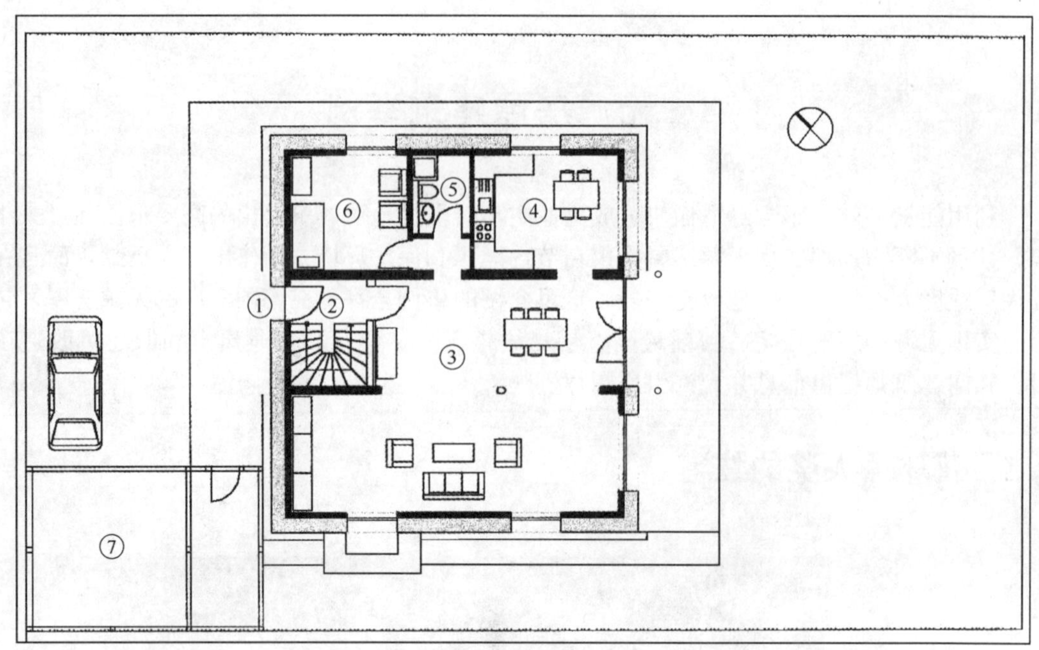

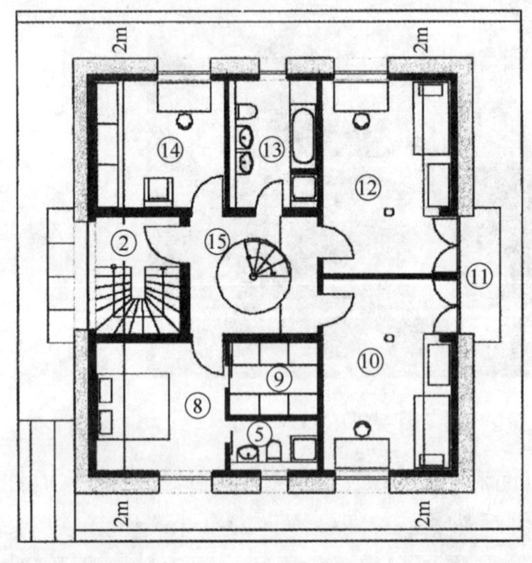

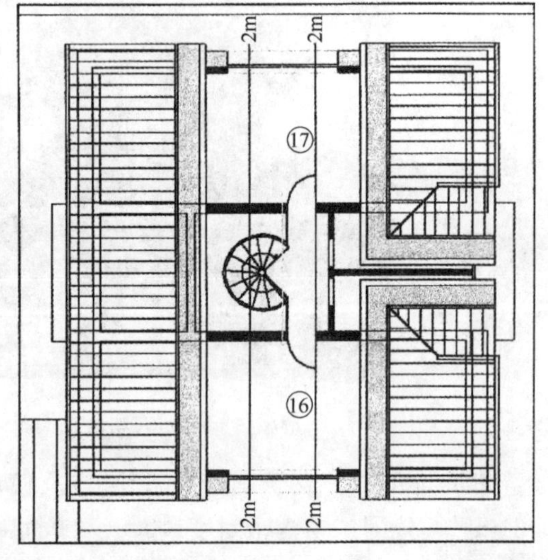

图 8-2　平面图

①入口；②楼梯间；③客厅/生活间/餐饮；④厨房；⑤厕所/洗手间；⑥客房(淋浴)；⑦车房；⑧主卧室；⑨更衣间；⑩小孩房 1；⑪阳台；⑫小孩房 2；⑬浴室；⑭工作室；⑮前厅；⑯房间；⑰房间

结构/细节：外墙结构件由带有 35cm 热量隔绝层的 17.5cm 厚承重墙体组成。热量隔绝层用填吹纤维素绝热介质于墙体前面的腹板支撑架与墙体之间的空间实现。外墙的封闭隔绝：在半地下层由带有外抹灰的挂灰承载板构建；在一层由带有木镶边的木质软纤维板形成。同样的热量隔绝系统亦用在屋顶：40cm 厚填吹纤维素绝热介质的热量隔绝层铺在 15cm 厚强力泡沫水泥屋顶上，与外面的封闭隔绝由一个用木质软纤维板制成的子屋顶和在此上面再挂瓦构成。由于这个建筑的整体抹灰实体结构，密封平面位于墙和顶的内抹灰层以及隔热层外表面，连接点隔热也能并不困难地得以实现。半地下室的墙体厚 36.5cm 带有 20cm 周围热量隔绝层，地平以下的热量隔绝层厚 24cm。无源房屋适合的窗户带有绝热内核的热隔离窗框和三层隔热玻璃，其总体 U 值 0.8W/(m^2 · K)。窗户部分装在抹灰实体外墙平面，部分装在隔热平面。

8.2 欧洲最大无源房屋居民区之一

为响应到 2010 年二氧化碳排放量减半的公约，德国 ULM 市提出建立模范无源房屋居民区的计划——“生态城市和共同发展”。按照城市社区能量概念：合理使用和强化应用可再生能量承载者以期减少空气和气候有害物质作为首要目标。无源房屋居民区项目要求居民强化这一能量使用意识，配合实现无源房屋居民区的技术要求。模范无源房屋居民区在建房技术和建筑方面启用不同建构型式(实体抹灰、预制、木质轻体、混合型等)，众多建房技术和热量供应方案以及现代建筑造型语汇。

图 8-3　南立面(CASA NOVA GmbH)

所选例子是八个无源房屋建筑项目之一。此为排屋一端头住宅。

建筑特点：有大阳台；无窗框大面积玻璃，光线穿透生活间。

建筑简介：完成于 2000 年；居住及技术支持使用面积：155/20m^2；纯空间：801m^3；A/V 比：0.47m^{-1}；建设花费：1300 欧元/m^2；无源房屋认证：认证合格；最大供暖功率：10.2W/m^2；外围护结构密封度：0.29h^{-1}；尚需供暖热量：6.9(kW · h)/(m^2 · a)；外墙：U 值 0.08～0.12W/(m^2 · K)；屋顶：U 值 0.09W/(m^2 · K)；半地下室顶：U 值 0.13W/(m^2 · K)；窗户：U_w=0.64W/(m^2 · K)，U_g=0.7～0.8W/(m^2 · K)，g=60%；供暖系统：供暖中心具有通常热水供暖；热水备制：太阳能集热器和发热值供热；通风系

统：地热交换器，带有对流管道热交换器的通风设施；太阳能设施：$84m^2$ 屋顶及前立面安装集热器，5000L 缓冲热水存储器；雨水利用：蓄水池(共同利用)。

8.3 八层高无源房屋居民楼

这是一个带有城区停车处的多家家庭居民楼，位于汉堡市一个城区花园和易北河之间。在 2002 年德国环境和健康部主办的无源房屋大赛中在建筑质量方面脱颖而出。这建筑表明无源房屋对于高层建筑亦是适合的。

图 8-4 南/东立面(左)及北面(右)(PLAN-R-ARCHITEKTENBUERO)

建筑设计概念：此建筑在方案设计时由一个居住者协会主持按照每一个使用者自身需求来量身定做。总共 19 个住宅单元 42 位居住者。除了地下室，两层用于城区存车房用。住宅为无障碍设计。通过巧妙的安排，平面图上可有相当大的自由度使住宅得以分配和安排，并考虑居住者的特殊要求和将来可能的改动等情况。

建筑技术：此建筑的能量和技术设施中心位于顶层中央，外围护结构保温层之内。该建筑共有两个竖井供安装进出管路等用。本居民楼只用太阳辐射和空气加热供暖。阳台无需前立面支撑，在夏天承担热保护，同时作为光—伏设施的承载者。

建筑简介：启动/完成于 2002/2003 年；居住及技术支持使用面积：$1558/140m^2$；纯空间(包括存车房)：$11595m^3$；A/V 比：$0.27m^{-1}$；建设花费(包括存车房)：$2260€/m^2$；无源房屋认证：认证合格；最大供暖热量负荷：$7.7W/m^2$；外围护结构密封度：$0.1h^{-1}$；尚需供暖热量：$14.23(kW \cdot h)/(m^2 \cdot a)$；外墙：带有 30cm 厚复合隔热系统，$U$ 值 $0.13W/(m^2 \cdot K)$；屋顶：18cm 厚水泥，41cm 厚聚苯乙烯，U 值 $0.08W/(m^2 \cdot K)$；地下室顶：18cm 厚白瓷砖/水泥，熔渣水泥最厚达 100cm，25cm 厚挤塑聚苯乙烯，U 值 $0.15W/(m^2 \cdot K)$；窗户：$U_w=0.81W/(m^2 \cdot K)$，$U_g=0.7W/(m^2 \cdot K)$，$g=53\%$；供暖系统：供暖中心具有燃气燃烧供热；热水备制：燃气燃烧中心供热；通风系统：以住宅为

单元平衡无源房屋通风，带有后叶片的风扇；光伏太阳能设施：5.2kW 装于阳台上的太阳能板。

8.4 教育寄宿学校

HAGEN 远程大学寄宿学校校舍是德国第一个此类无源房屋建筑，用于学校学生和客人学习逗留期间寄宿用。

建筑设计：总共 16 房间，其中 3 个为残疾人预备。由于做基础困难，得钻孔打桩。南端连接已经存在的教学楼。前立面朝东封闭，只开小窗。房间用无障碍设计。建筑体朝西开门，在立柱—横梁—前立面后方还有客房。新建筑的前庭通过墙过桥与教学楼相通，因之，过道两侧可安排会议室。

建筑技术：由于位置有限，不能安装地热交换器，而采用垂直地热探针。地热探针供热给热存储器。在冬天，垂直地热探针应用在夏日存储的热量；反之亦然。

建筑简介：启动/完成于 2001/2002 年；使用面积：418m^2；纯空间：1911m^3；A/V 比：0.44m^{-1}；无源房屋认证：尚未；最大供暖热量负荷：13.3W/m^2；外围护结构密封度：0.42h^{-1}；尚需供暖热量：13.4(kW·h)/(m^2·a)；外墙：砖 17.5cm，带有 30cm 厚岩棉绝热，U 值 0.12W/(m^2·K)；屋顶：16cm 水泥，32.4cm 岩棉，U 值 0.11W/(m^2·K)；地下室顶：水泥厚 30cm，16cm 厚挤塑聚苯乙烯板，U 值 0.19W/(m^2·K)；地板：U 值 0.19W/(m^2·K)；窗户：U_w=0.8W/(m^2·K)，U_g=0.7W/(m^2·K)，立柱—横梁—前立面 g=53%；供暖系统：空气供暖，后加热用现存燃气发热低温锅炉供热，浴室用 1m^2 电热毯供暖；热水备制：30m^2 集热器设施亦用于后加热；通风系统：中央通风 590m^3/h，防霜预蓄热器用地热，光伏太阳能设施：空管装置；雨水利用：地下室 6m^3 存储柜作厕所冲水用。

8.5 办公室无源房屋

这个办公室建筑体现了这个公司(JUWI)的哲学：专门作新生代能源设施(风力、光—伏、生物能源)的项目设计和生产。

马蹄形两层办公楼供 15 名职工使用，通过一个一层建筑和公司总部相连。有 60°倾角朝南的前立面无源利用太阳能作为概念设计且多功能利用。以中央空域转角楼梯连接两层楼面。前立面可最大利用太阳能：封闭的前立面与装玻璃部分交替分布；封闭的前立面部分装光伏太阳能板——有源利用太阳能；装玻璃部分引太阳能和热量进入房间——无源利用太阳能。屋顶亦可安装太阳能板。建筑底层由带钢筋混凝土骨架的非承重隔热层平面基础和采用带有复合绝热系统的墙体组成；建筑顶层由预制隔热木制元件前挂并带有后通风木镶板外装的墙组成。倾斜的朝南建筑外壳由木结构组成。

建筑简介：启动/完成于 2002/2003 年；主/副使用面积：170/107m^2；纯空间：1648m^3；A/V 比：0.621m^{-1}；建设花费：2530 欧元/m^2；无源房屋认证：申请中；最大供暖热量负荷：12.61W/m^2；外围护结构密封度：0.33h^{-1}；尚需供暖热量：15(kW·h)/(m^2·a)；外墙：石灰砂岩 15cm，带有 30cm 厚复合隔热系统，U 值 0.112W/(m^2·K)(底层北-西-东墙)，

图 8-5 顶层立面一瞥(左上)，东面看南立面(右上)及北面(下)(OEHLER + ARCH KOM)

外装 1.25cm，刨花板 1.5cm，岩棉绝热层及承载器 35.6cm，U 值 0.119W/(m^2·K)(顶层北-西-东墙)，U 值 0.136W/(m^2·K)(南立面 60°倾角)；屋顶：20cm 钢筋水泥板，30cm 隔热层，U 值 0.096W/(m^2·K)；地板：挤塑聚苯乙烯板隔热厚 24cm，钢筋水泥板 25cm，U 值 0.135W/(m^2·K)；窗户：U_w=0.75W/(m^2·K)，U_g=0.7W/(m^2·K)，散热器朝南前立面木-铝框 g=50%；供暖系统/热水制备：水暖，木丸燃烧，夜间通风制冷；通风系统：地热交换器，热回收装置；光伏太阳能设施：南立面 80m^2、8kW 峰值，屋顶 58m^2、5.8kW 峰值；雨水利用：花园灌溉用。

8.6 工业用无源房屋

这个例子是欧洲第一个达到无源房屋要求的工业建筑。尽管化学领域有很高的生产要求，这一建筑仍然可达到高效利用能源和无废水运行。不仅如此，在满足上述高要求的同时，建筑花费仍能保持如常。

建筑和生态：这是一长条形建筑，由三截不同风格实体段落组成，接近居民区并导向

图 8-6 南立面(左上)，东面(左下)及绿化的走廊(右)(M. Zimmer)

一块空地提供屏蔽以直接连接行车道。包括轨道的建筑部分段落是仓库大厅，仓库占据其地面一半面积。在中间段落，是实验室和生产间，其地下室部分安置建筑技术中心(通风设施等)。在另外一段落，安置办公室。三段落间由玻璃走廊连接，大大减少外面空气与建筑表面接触。装玻璃还可在室内绿化而且在寒冷季节赢得太阳能。建筑前面有一池塘，加上室内和屋顶绿化，建筑的生态环境得以大大改善。

建筑技术：空调系统的布局使传送的空气减到一个必要的量。通过热交换器，生产过程的余热得以利用。连接过道用作为空气过渡区。

建筑简介：启动/完成于 1998/2000 年；使用面积于 4423m^2；纯空间：28380m^3；A/V 比：0.27m^{-1}；建设花费：1000 欧元/m^2；无源房屋认证：认证合格并作研究题目“太阳能驱动”；最大供暖热量负荷：12W/m^2；外围护结构密封度：0.4h^{-1}；尚需采暖热量：14(kW·h)/(m^2·a)；外墙：水泥(仓库：30cm，生产部：20cm，办公室：14cm)，岩棉绝热层 20cm(与空气接触)，膨胀聚苯乙烯隔热板 20cm(与地板相接触)，U 值 0.15W/(m^2·K)(空气)、0.17W/(m^2·K)(地板)；屋顶：16～20cm 水泥板，26cm 聚苯乙烯板隔热层，U 值 0.13W/(m^2·K)；地板：生产部、仓库：地下瓷砖/水泥 18cm，泡沫玻璃隔热层 6cm，U 值 0.56W/(m^2·K)；走廊、办公室：水泥板 30cm，挤塑聚苯乙烯隔热板 16cm，U 值 0.20W/(m^2·K)；窗户：U_w=0.9W/(m^2·K)，U_g=0.6W/(m^2·K)，g=56%；供暖系统/热水制备：中央燃气锅炉，电加热；通风系统：地热交换器，对流热回收装置；雨水利用：21m^3 蓄水罐供厕所冲水及走廊花园绿化灌溉用。

8.7 由老建筑改造成的管理和展览用建筑

一个现存的老旧居住和商业建筑在建设能量竞争中心的项目中得以改造和扩建，作为展示和展览用。这建筑原本是一个一层带花店的住宅和地下层(汽车工间)。为了实现改造的目的，建筑向东扩建，原有的建筑和屋顶造型保持不变。单独坐落的店面建成平顶低能耗房子。展览面积放在一层和二层，顶层安排为管理用。原来的汽车工间改成授课室。原花店的绿化屋顶(可通过梯子爬上去)，亦作为展览面积用。改造中特别注意：所有需供暖的面积改善能量利用，造就充分热量隔绝的外围护结构。与土壤或邻接建筑相连的空间是没有供暖的，作为缓冲区。详细的设计要求基于无热桥的考量。密封平面定义为房间的内表面。

图 8-7 左：改造前(上)和改造后南立面(左下)，东南面(右)一瞥 (eza!)

建筑简介：启动/完成于 2000/2001 年；使用面积：560m^2；纯空间：2319m^3；A/V 比：0.37m^{-1}；建设花费：1185 欧元/m^2；无源房屋认证：尚未；最大采暖热负荷：12.6W/m^2；外围护结构密封度：0.78h^{-1}；尚需采暖热量：19.8(kW·h)/(m^2·a)；外墙：砖墙体 24cm，带有复合隔热系统/后通风的前立面 20cm，U 值 0.14W/(m^2·K)；屋顶：1.25cm 石膏纤维板，1.8cm 刨花板，38cm 椽间纤维素隔热层，1.8cm 刨花板，U 值 0.10W/(m^2·K)；地下室顶盖板：18cm 钢筋水泥盖板，1.0cm 聚苯乙烯板隔热层，2.5cm 真空隔热层，1.0cm 聚苯乙烯板隔热层，U 值 0.14W/(m^2·K)；地板：2cm 刨花板，1.0cm 聚苯乙烯板隔热层，2.5cm 真空隔热层，0.8cm 脚步声衰减板，3cm 珍珠岩粒，20cm 钢筋水泥地板，U 值 0.13W/(m^2·K)；窗户：带有绝热内核的木热隔离窗框，U_w=0.8W/(m^2·K)，U_g=0.6W/(m^2·K)，g=42%；供暖系统/热水制备：小木丸燃烧锅炉带热存储器；通风系统：多功能通风设施；太阳能设施：20m^2 集热器；光伏设施：27m^2、2.1kW 峰值。

9 关于无源房屋的书籍

Brendgen-Kaiser，Fox-Kämper，Reul Helmerking
Passivhäuser in NRW.
Dortmund：Institut für Landes-und Stadtentwicklungsforschung und Bauwesen des Landes Nordrhein-Westfalen(ILS NRW)

Carsten Grobe
Passivhäuser. Planen und bauen.
München：Callwey-Verlag，2002

Berthold Kaufmann，Wolfgang Feist u. a.
Passivhäuser erfolgreich planen und bauen.
Aschen：Institut für Landes-und Stadtentwicklungsforschung und Bauwesen des Landes Nordrhein-Westfalen(ILS NRW)

Wolfgang Feist
Gestaltungsgrundlagen Passivhäuser.
Darmstadt：Verlag Das Beispiel，1996

Dieter Pregizer
Grundlagen und Bau eines Passivhauses.
Heidelberg：C. F. Müller Verlag，2002

Endhardt，Farion，Sengotta，Zimmermann
Das Passivhaus. Bauen für die Zukunft.
Neu-Ulm：bei den Autoren，1. Auflage 2002

Oberländer，Huber，Müller
Das Niedrigenergiehaus. Ein Handbuch. Mit Planungsregeln zum Passivhaus.
Stuttgart：Kohlhammer Verlag，2. Auflage 1997

Anton Graf
Das Passivhaus-Wohnen ohne Heizung.
München：Callwey-Verlag，2000

Anton Graf
Neue Passivhäuser.
München：Callwey-Verlag，2003

Humm，Kilchenmann，de Lainsecq，Schmid(Hrsg. Humm)
NiedrigEnergie-und Passivhäuser. Konzepte，Planung，Konstruktionen，Beispiele.
Staufen bei Freiburg：ökobuch-Verlag，2. Auflage 2000

Judith Schuck
Passivhäuser——Bewährte Konzepte und Konstruktionen
K. Kohlhammer GmbH，Stuttgart，2008

Adolf-W. Sommer
Passivhäuser——Planung-Konstruktion-Details-Beispiel
Ver lagsgesellschaft Rudolf Müller GmbH & Co. KG Köln，2008

Stefan Oehler
Grosse Passivhäuser
K. Kohlhammer GmbH，Stuttgart，2008